NASA火星探索简史

[美] 皮尔斯·比佐尼 著　　冯永勇 译

人 民 邮 电 出 版 社
北 京

图书在版编目（CIP）数据

NASA火星探索简史 / (美) 皮尔斯•比佐尼著 ; 冯永勇译. -- 北京 : 人民邮电出版社, 2024.1
ISBN 978-7-115-62499-4

Ⅰ. ①N… Ⅱ. ①皮… ②冯… Ⅲ. ①火星探测－历史－美国 Ⅳ. ①P185.3

中国国家版本馆CIP数据核字(2023)第200553号

版权声明

内容提要

登陆火星是人类一直以来的梦想。知名科普作家皮尔斯•比佐尼在本书中讲述了 NASA（美国国家航空航天局）探索火星的历程，精心挑选了这一过程中的多幅精美图片，包括艺术图和实拍照片，全方位地展示了火星表面的景象，介绍了人类在火星探索方面取得的成就，以及未来人类在火星可能取得的成就。

本书先介绍了在用探测器探索火星之前，大众和科普作家想象中的火星。然后详细地讲述了 NASA 早期的“水手”号、“海盗”号和停滞 20 多年后重新开始探测火星时所用的一系列火星探测器，并展示了它们拍摄的火星图像。最后畅想未来，介绍了正在研发过程中的设备与未来的载人登陆火星计划。

本书内容丰富、图片精美，适合航空航天爱好者和科普爱好者阅读。

◆ 著　　[美] 皮尔斯•比佐尼
译　　冯永勇
责任编辑　胡玉婷
责任印制　马振武
◆ 人民邮电出版社出版发行　　北京市丰台区成寿寺路 11 号
邮编　100164　　电子邮件　315@ptpress.com.cn
网址　https://www.ptpress.com.cn
北京华联印刷有限公司印刷
◆ 开本：787×1092　1/12
印张：16.5　　2024 年 1 月第 1 版
字数：411 千字　　2024 年 11 月北京第 2 次印刷
著作权合同登记号　图字：01-2022-1030 号

定价：169.80 元

读者服务热线：(010)81055493　印装质量热线：(010)81055316
反盗版热线：(010)81055315
广告经营许可证：京东市监广登字 20170147 号

推荐序

受出版社编辑邀请，很荣幸能为 NASA 这套书撰写总序。我想从 3 个方面来说一下这套书，即这套书的内容是什么，我们为什么需要这样的一套书，以及未来我们能不能有一套类似的原创书。

这是一套关于航天航空的科普图书，分别简述了航天飞机的历史、太空探索的历史和火星探测的历史，当然这些历史都是NASA 视角下的。近些年来，图书市场上兴起了一股“简史”热，这股热潮似乎起源于霍金的《时间简史》。我认为，“简史”不是简化的，不是简陋的，也不应该是简略的，而应是简朴、言简意赅和简明扼要的，是简约而不简单的。呈现在各位眼前的这 3 本书就具有这样的特征。如今，我们进入了一个“读频”的时代，尤其是随着社交媒体的日益发展，短视频成为人们获取日常信息的重要渠道，传统的纸质图书似乎日渐式微，已成明日黄花。但是对于任何一个想系统了解某个领域的知识的人来说，阅读图书依然是不二的选择，而这套书可以让读者朋友在重拾阅读快乐的同时获取到更多的科学知识。

我们经常说“一图胜千言”，对于一本质量上乘的科普图书来说，图片不仅仅是文字内容的补充，有时候甚至是主角。在此，我不得不说一下这套图书最大的亮点之一——精美绝伦的图片。这套书的编辑告诉我，版权方只把书中原图提供给指定的印刷厂，足见其对图片质量的重视。而我在第一次看到这套书时，就被书中的高清图片深深吸引，相信各位读者朋友也一定会被那一张张极具科学之美的图片“迷住”。

这套书从科学的视角，用读者可以理解的、通俗易懂的语言介绍了航天飞机的历史、太空探索的历史以及火星探测的历史。物理学家爱因斯坦在《论科学》一文中曾经深有感触地说：“想象力比知识更重要，因为知识是有限的，而想象力概括着世界的一切，推动着进步，并且是知识进化的源泉。”这套书中的图片不仅能增强青少年读者的想象力，满足他们的好奇心，也能在某种程度上激发青少年读者的探索欲望。火箭理论先驱康斯坦丁·齐奥尔科夫斯基曾说过：“科学的发展最初起源于幻想和童话，然后经过科学计算，最终才能梦想成真。”相信这套书必将让青少年读者在收获更多科学知识的同时激发出更多的想象力和更强的好奇心。

发展航天事业，建设航天强国，是我们不懈追求的航天梦。从 2021 年 4 月 29 日的天和核心舱成功发射入轨，到完成以天和核心舱、问天实验舱和梦天实验舱为基本构型的空间站组装，我们已经建起一座国家级太空实验室；从 2004 年中国正式开展月球探测工程，到 2022 年中秋节前夕我国科学家宣布首次在月球上发现被命名为“嫦娥石”的新矿物；从 2016 年 1 月 11 日中国火星探测任务正式立项，到天问一号环绕器进行环火星探测，以及“祝融号”火星车巡视探测火星表面……这一系列“大动作”的背后既有很多精彩的瞬间，也有太多可以记录和传颂的故事，还有很多可以转换为科普内容的科技资源，这些都可以成为向全世界公众进行科普的内容和素材。在航天领域科普中，不能没有中国声音和中国故事，希望这套书的引进与出版可以为我们做好原创航天科普提供更多的经验。

王大鹏
中国科普研究所副研究员
中国科普作家协会理事

前言

我成长于美国航天事业飞速发展的时代。在我 10 岁生日的时候，阿波罗号的航天员即将登上月球，NASA 当时也一直在宣传这次太空旅行的后续项目将是载人火星任务，并计划要于 1984 年在火星着陆。20 世纪 70 年代，NASA 研制出航天飞机，前往火星的宏伟计划也在按部就班地开展着。载人火星任务那时的规划是：用航天飞机将小模块运送到近地轨道上，再组装成一个巨大的宇宙飞船，然后航天员将启动宇宙飞船的引擎，奔向火星。

现在，我已长大成人，火星仍在等待着人类的到访。但我也未曾灰心。我们这一代人已在太空探索方面见证了许多奇迹，我们不应苛求太多。火星只是我们众多目标中尚未充分探索的一个而已。英国科幻作家阿瑟·克拉克曾告诉我，永远不要因为当前明显缓慢的发展速度而对星际探索失去信心。“我们肯定要重返月球，”他说，“并且还要前往其他行星甚至更远的地方。毫无疑问，当未来的历史学家谈起我们的太空计划推迟了半个世纪时，他们不会大惊小怪，而是会认为这仅仅是暂时的，只是在更长时间的太空探索历程中出现的短暂的停顿。”

“半个世纪的延迟”恰逢我成年后的大部分时间，这的确让我郁闷，但我仍然对到达火星的梦想保持乐观。事实上，这一梦想现在似乎比以往任何时候都更接近实现，尤其是随着新航天技术的应用和商业航天的蓬勃发展。

无论如何，我们已经多次成功地把智能机器人送达了火星，这些机器人探险家曾经或者正在古老的火星上探索，在这个神秘星球的表面寻找生命的迹象。它们携带的高分辨率照相机让我们觉得火星就在隔壁，离我们很近，几乎触手可及。

本书是一本老少皆宜的书。它使用图像来介绍人类在火星探索方面取得的成就，以及未来几年在火星上可能取得的成就。我的初衷很简单：用富有感染力的图片做一本书，这本书可能会激发某个未来的科学家前往火星的愿望。

要实现这个目标，无疑需要一个伟大的团队。我要特别感谢大名鼎鼎的英国广播公司（BBC）出版的天文学杂志《仰望夜空》（*Sky at Night*）的新闻编辑埃兹·皮尔逊。他帮我给书中很多图片做了注释，除此之外他还做了很多其他的工作。我要感谢卡特·埃玛特提供了关于“直达火星”计划的重要且精美的插图，“直达火星”是一个精巧且可行性强的载人任务计划，由罗伯特·祖布林提出。我要感谢才华横溢的詹姆斯·沃恩对其他未来任务的精彩描述。

说到图像，我信赖的合作者有帕特·罗林斯、保罗·哈德森、迈克·埃克斯、J. L. 皮克林。另外，罗伯特·麦考尔的家人也总是非常慷慨地、毫无保留地为我提供档案资料。但即使是他们也不确定是否充分发掘了那些在我们出生之前几十年创作的重要艺术品。我还有一个不同寻常的合作伙伴，那就是世界上最活跃的古董卖家——海瑞得拍卖行。多年来，这家公司出售了多种多样的艺术作品。

最重要的是感谢 NASA。NASA 的首席图片研究员康妮・摩尔多次帮助我找到了有用的材料。特别感谢 NASA 在加利福尼亚州帕萨迪纳的喷气推进实验室（JPL）的每一个人。喷气推进实验室由 NASA 授权加利福尼亚州航空航天研究所管理，负责 NASA 的所有机器人行星探索任务。本书中大部分的图像来源于喷气推进实验室提供的资料。

最后，我非常感谢安德鲁・蔡金，他同意为本书撰写重要的开篇文章《火星简介》。各位一定要重点看看安德鲁・蔡金的这篇精彩文章。

目 录

火星简介

安德鲁·蔡金

1961年，我5岁，那年我第一次“听到”了来自火星的声音，火星在我的天文学图书里呼唤我。这些书的插图是艺术家基于天文学家有限的知识构思出来的。这些插图宛若一道道魔法门，把我带到了深空，我在那里仔细端详另一个世界的风景。

无论何时，通过阅读书籍，我都可以游览整个太阳系。我想象自己朝太阳飞行，经过云层遮掩的金星，飞到灼热的水星荒原，那儿热得可以熔化铅块，或者向外看一看巨大的木星，它拥有多彩云带和卫星家族。再往外，迎接我的是土星优雅的光环和众多的卫星，还有冰巨星天王星和海王星。最后，也就翻看几页书的功夫，我就到了48亿千米外的寒冷地带，观赏冥王星冰冷的光。对于一个痴迷太空的孩子来说，把太阳系当作游乐场是非常奇妙的。但最吸引我的还是火星，它离我们地球非常近，有被风吹过的沙漠和神秘的黑暗标记，还有沙尘暴和极地冰盖，这些都深深扎根于我的脑海之中。书上还说它是最像我们地球的行星，尽管它的大气层很薄，但它可能会有简单的植物。我非常想去那里，我爱上了这颗与地球距离很近的行星。

1961年的我没有想到，从那时开始的火星画面，会被一次又一次地更新。4年后，也就是我9岁那年，一艘名为“水手”4号的宇宙飞船飞过这颗行星，并发回了22张它表面的图像。这些图像非常奇怪而又美妙，非常粗糙，像素非常低，它们几乎没有展示任何细节，但反而使火星更加令人神往。它们使人类第一次看到真正的火星，那是一个与我的想象完全不同的世界，一个完全不像地球，而是更像月球的荒凉的世界，那里有亿万年前被小行星和彗星撞击而成的巨大陨击坑。“水手”4号的探测仪器还表明，这个古老的世界笼罩在一层非常稀薄的大气中，无法抵御来自太空的致命辐射。没有水的痕迹，没有活的东西。一夜之间，人们认定火星是已经死亡的行星。

又过了4年，时间来到了1969年，这一年夏天，阿波罗11号到达月球，尼尔·阿姆斯特朗和巴兹·奥尔德林在月球上留下了他们的脚印，而我则目不转睛地在电视前看了直播。阿波罗11号任务一结束，火星就再次成为焦点，“水手”6号和“水手”7号发来了新的、更好的图像。仿佛刹那间，火星又变得清晰起来：“水手”6号发现了更多的陨击坑，但在外观上与月球上的各种陨击坑有着微妙的不同。火星上的陨击坑看起来更平坦，好像被侵蚀了一样。火星上还有很多奇怪的山脉和悬崖，科学家称之为“混乱地形”，这些地形不像月球或地球上看到的任何东西。在火星南极，“水手”7号拍到了被冰层覆盖的陨击坑，并测量到其温度为接近-200华氏度（-129摄氏度），在这个温度中，大气中的二氧化碳都已经凝固成固体。

这个新发现使火星在大众中变得更没有吸引力了，但对我来说不是。1970年8月出版的《国家地理》杂志上刊载了非常多杰出的捷克艺术家卢德克·佩舍克的画作，他基于当时的最新探测结果渲染出复杂的火星图片，让我比之前更加渴望去火星看看。有一位著名天文学家把这颗行星的表面描述为“枯燥乏味的风景”，但我的看法则完全不同。不久之后，包括那个认为火星无趣的天文学家在内的所有人都发现火星其实一点也不乏味。

▲影响年轻人思想的想象图

约翰•波尔格林绘制的插图，展示了火卫一（火星卫星之一）上的探险队，源自著作颇丰的德国裔美国太空科普专家威利•勒 1958 年所著的一本书《太空旅行》。

◀**星际实习生**

1976 年，在喷气推进实验室实习的安德鲁·蔡金站在“海盗”号着陆器的原型机旁边。

地质奇观

1971 年夏天，我在 15 岁生日那天收到了一台全新的天文望远镜作为生日礼物。那一段时间正好也是地球和火星相距最近的时期之一。到了 8 月初，火星距离地球只有约 5630 万千米，在夜空中就像是闪闪发亮的铁锈色余烬。在使用天文望远镜观察这颗行星后，我非常理解为什么 20 世纪以前的天文学家在试图了解火星表面是什么样子时会那么沮丧。我能辨认出最著名的黑暗标记——一个叫作“大瑟提斯”的区域，以及正在缩小的南极冰盖。但是仅此而已，看不到更多细节了。

我知道即使用比我的望远镜大很多倍的望远镜看，火星也是一个遥不可及的目标。1971 年的中秋时，火星在地球的天空中逐渐变小，但在接近它的“水手”9 号的视野中却越来越大，“水手”9 号可不只是短暂地掠过火星，它是人类历史上第一个进入环绕其他行星的轨道的航天器；之后，“水手”9 号的照相机拍下了火星的整个表面，火星从此在人类面前展现了真容。

当“水手”9 号于 11 月初抵达火星时，一场猛烈的沙尘暴正在火星表面肆虐，在天文学家观测到的整个太阳系内所有天体的沙尘暴记录中，这场沙尘暴都是最猛烈的之一。沙尘暴将火星隐藏在明亮的薄雾之下。好几个星期之后，这场沙尘暴才平息下来，尘埃随之落下。当沙尘暴平息下来时，“水手”9 号拍到的景象让所有人都惊呆了：4 座巨大的火山高耸在周围的平原之上。其中最大的那座被命名为奥林波斯山，其高度是珠穆朗玛峰的 3 倍，山顶的火山口面积是美国罗得岛州的 2 倍。这座巨大的盾状火山的底部面积超过亚利桑那州。火星东部同样令人惊讶，那里有一个巨大的峡谷，绵延超过 4023 千米，约为火星赤道长度的五分之一，与美国大陆东西海岸之间的距离相近。这些巨大的火山和峡谷，出现在一个直径只有地球一半的行星上，这对于科学家来说是一个值得深思的谜。显然，曾经有一种神秘的力量将火星改造成了现在的样子。“水手”9 号的特写镜头显示，一些火山可能在相对较近的时间里很活跃，也许“仅仅”在数百万年前。

但“水手”9 号的惊人发现远不止这些。意大利天文学家乔瓦尼·斯齐亚帕雷利曾于 1877 年描述了火星上的线

▶宇宙中的一个点

这是有史以来第一张从月球以外的行星表面拍摄的真实地球图像。它是由“勇气”号火星车于 2004 年 3 月 8 日在执行任务的第 63 个火星日（太阳日）日出之前一小时拍摄的。我们赖以生存的一切都存在于这颗由岩石和气体组成的“小卵石”上。

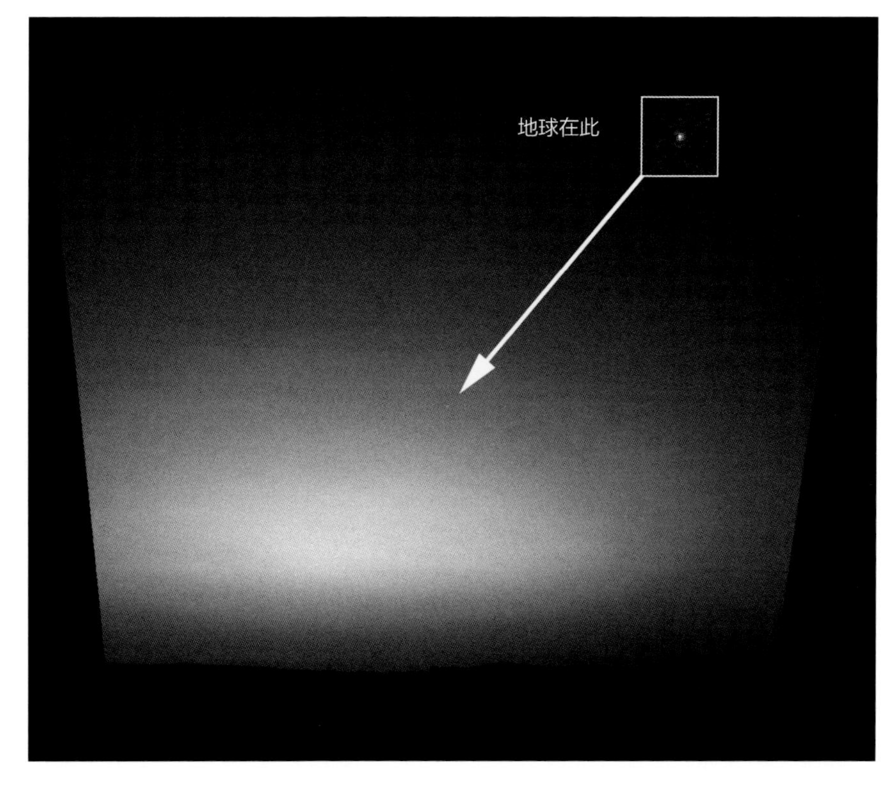

状标记，并将其命名为“运河”，一位名叫珀西瓦尔·洛威尔的美国富翁对此非常痴迷。洛威尔猜测：聪明的火星人通过运河灌溉他们的沙漠世界。于是他在 1894 年建造了一座天文台来开展自己对行星的研究工作。“水手”9 号的照相机拍摄的图像正好回应了斯齐亚帕雷利和洛威尔的猜测，“水手”9 号发现巨大的运河横穿火星表面，火星表面扭曲的地形和泪滴状的岛屿表明它们是由巨大的洪水冲击形成的。此外，“运河”在陨击坑内分岔，变成更细的分支，这和地球上的河流分岔现象相似。最大的谜团是：数十亿年前，有大量奔流的水塑造了火星表面的地貌，如今火星表面却完全没有液态水，那么水到哪里去了？是什么导致火星发生如此巨大的变化？这个问题有待未来的科学家去深入研究。

“水手”9 号拍到了史无前例的、精细的、火星表面的地质奇观，这些照片令当时还在读高中的我大受震撼。之前我在电视上看过来自新兴的行星地质学领域的科学家在阿波罗任务的报道中谈论月球。“水星”9 号使那时的我意识到，行星地质学家才是可以解读“水手”9 号发现的人。于是我的理想变成了成为他们中的一员，我希望那样能让我实现童年的梦想——成为航天员。在我申请大学时，我遇到了我后来的导师——布朗大学的托马斯·马奇教授。他很快就感受到我的热情。我们见面后，他甚至邀请我参加在我访问布朗大学时正在举行的火星科学家会议，我一直猜测他的有力推荐是我被布朗大学录取的原因之一。当然，我那时也没有想到，我后来会因为他而有机会参与首次成功登陆火星的任务——“海盗”号火星探测计划。

在火星表面看火星

马奇是“海盗”号着陆器成像团队的首席科学家，这个由科学家和工程师组成的团队负责在火星表面上拍摄第一张照片。在 NASA 同事的帮助下，马奇和他的团队成员——后来成为世界上最著名的科学家之一的卡尔·萨根一起，开创了“海盗”号让大学本科生加入科学团队的先例。我很幸运地被选中了，1976 年夏天，我在 NASA 位于加利福尼亚州帕萨迪纳的喷气推进实验室度过。

1976 年 7 月 20 日清晨，“海盗”1 号在一个叫作克律塞平原（又称为金色平原）的着陆点着陆，这是我一生中最难忘的时刻之一。我和成像团队的几个地质学家坐在一起，等待着陆器抵达火星后传回前两张黑白照片，这些经过数字编码的像素需要 19 分钟才能穿过超过 3.2 亿千米的距离到达地球。当第一行图像出现在我们的显示器上时，时间似乎静止不动了，画面从左到右逐渐变大，就像一扇打开的窗户，向我们展示了一个陌生的世界。我们可以清楚地看到火星上的岩石，岩石边上有一圈细微的尘埃，这些尘埃显然是在着陆器降落时被吹起，后又沉降的。当图像的最后一部分显现时，我们非常清晰地看到了着陆器的金属脚垫，甚至可以看清楚上面的铆钉。第一张照片的全部像素刚刚全部传输拼接完成，第二张照片紧接着开始像素传输并拼接，这是张着陆点附近的全景照片。我们看到一片遍布岩石和沉积物的旷野，天空异常明亮；在地平线上，我们还看到了山丘，这些山丘后来被证实是附近陨击坑的边缘。在喷气推进实验室的任务报道现场，马奇应该是最安静的，完全被他所看到的东西吸引住了。但他后来跟我说，他觉得自己马上快要从椅子上跃起钻进屏幕里了，照片比他预想的还要清晰。

第二天，“海盗”1 号拍摄的第一张彩色照片传回了地球，但我却有些失望。在遍布岩石的红色平原之上，天空是令人失望的和地球上一样的淡蓝色。但在分析了这张照片后，我的同事们立马意识到它的颜色还没有被正确校准。很快，他们发布了一个新版本，那才是火星的真实的天空。覆盖岩石并形成沉积物的细小橙色尘埃悬浮在昏暗的大气中。在之后的任务中，当着陆器拍摄到第一张火星上日落的照片时，我们看到了另一个美丽的景象：黄昏时的天空不是像地球上日落时的红色，而是蓝色的——我们也随之明白，这就是那些微小的尘埃颗粒散射光线的结果。

当我们用一张张新照片来探索着陆点时，全世界的目光集中到了即将抵达的“海盗”1 号的姐妹“海盗”2 号（当时也已被送往火星）的主要任务上：每艘飞船都配备了一套旨在寻找微生物生命的仪器。设计这些仪器的生物学家没有任何已有经验可以参考，只是对火星微生物可能是什么样子做了些基本的猜测。细菌通过新陈代谢与环境相互作用，生物学家决定寻找新陈代谢的证据。在从着陆器的自动取样器臂上摄取了顶针大小的火星尘埃后，这些仪器将样品放入了特制的营养液中，仪器中模拟了火星阳光，并包含带有放射性分子标记的二氧化碳和绰号为“鸡汤”的同样有放射性标记的有机营养物质。然后这些仪器的阀门、微型烤箱和灵敏的辐射计数器开始工作，研究火星尘埃中是否存在微生物。

然而，自始至终，两个“海盗”号着陆器上的生物学实验都未能揭示火星上是否有生命。采访此次任务的记者们询问生物学家“火星上是否有生命”，他们非常渴望得到一个“是”或“不是”的答案，结果却是“无法确定”，这令人感到失望。接着传来的一则消息似乎是钉在“海盗”号寻找火星生命任务的棺材上的最后一颗钉子。当另一个尘埃样品被送入一个被设计用来探测有机分子痕迹的极其灵敏的仪器时，却没有任何结果。这是此次任务中最令人震惊的事情，因为科学家在地球上的陨石中发现了有机物，因此人们猜测在火星上即使没有微生物至少也会存在有机物。科学家推测，火星尘埃中含有高活性化合物，这些化合物会破坏含碳分子，不然这些含碳分子可能会成为火星生命的基石。但“海盗”号连有机物也没有探测到。尽管“海盗”号并没有排除火星上有生命的可能性，但“没有发现生命”这一点也给当时前往火星的计划泼了很大一盆冷水，且这一冷就是 20 多年。

风云再起

在 NASA 于 1997 年重返火星之前，我的生活就已经走上了一条与我当年上大学时设想的完全不同的道路。在参与了“海盗”号任务之后，我意识到自己并不想成为一名专业科学家；我也非常清楚，我的身体状况让自己无法成为航天员。毕业几年后，我成了一名科学记者。由于自己的行星科学背景，我报道了“旅行者”2 号 1986 年飞掠天王星和 1989 年飞掠海王星的新闻。我还利用我的专业知识写了一本《登月之人》，这本书是关于阿波罗号航天员及其月球探险经历的。1997 年 7 月，我回喷气推进实验室采访“火星探路者”号着陆任务。“火星探路者”号使用高科技气囊在火星地表着陆，最后在一处巨大的古代洪水冲刷留下的岩石遗迹中停了下来。

“火星探路者”号部署了一个微波炉大小的火星车，即“旅居者”号火星车，这极大地吸引了公众的注意力，当时甚至导致 NASA 刚刚创建的网站瘫痪。但几个月后，在“火星探路者”号的任务结束后，公众的注意力也转向别处。开启火星探索新篇章的不是这个着陆器，而是名为“火星全球勘探者”号的探测器，该探测器配备了人类有史以来发送到另一个星球的功能最强大的照相机。

地质学家迈克·马林是我在参与“海盗”号任务时期的老朋友，多年来，他一直认为此前的轨道器未能展示出火星复杂地质的关键细节。马林领导了一个由科学家和工程师组成的小团队，研制了一个功能强大但又非常轻的成像仪，他认为这个成像仪的拍摄能力能达到当时相机分辨率的极限。1992 年，“火星观察者”号上搭载了这个成像仪，结果“火星观察者”号任务失败了。5 年后，该成像仪的备份件通过“火星全球勘探者”号抵达了火星。即使在超过 322 千米的轨道高度，马林的相机对火星表面的分辨能力也能达到像汽车大小的级别。从 1997 年秋天开始，它发送回来的照片让人简直惊掉下巴。“火星全球勘探者”号对着火星巨大的峡谷，拍摄到了一层层沉积岩，就像亚利桑那州大峡谷中的沉积岩一样，这似乎是表明火星曾经有过静止的水体的不可否认的证据。在火星其他地方，被较年轻岩层掩埋着的古代景观也不断被发现，有些年轻岩层厚度超过 1.6 千米，而今这些古代景观因一些未知的过程而逐渐显露出来。

在火星南极，有一片奇怪的圆形洼地，在那里，原本已冻结的二氧化碳在太阳的照射下升华了。之后几年，随着任务的进展，马林和同事们看到这个洼地的形状每一年都在变化，这意味着微小的气候变化对火星存在影响。

在陨击坑和峡谷的峭壁上，马林和他的同事们看到了“火星全球勘探者”号最具争议的发现：遍布火星表面的数千条沟壑，似乎是由液态水冲刷而成的，那不是数十亿年前形成的沟壑，甚至都不是数百万年前形成的，而是在更近的时间内形成的。它们会不会是地下蓄水层瞬间冲破悬崖壁，引发短暂但强烈的洪水的结果？也许是，但也还有其他与水无关的解释，这些沟壑的形成机制还不能确定。“火星全球勘探者”号的照相机几乎把所有地方都拍了照，它拍到的东西似乎改变了人们对火星的固有看法。马林的导师、加州理工大学地质学家布鲁斯·默里的职业生涯可以追溯到 1965 年，他当时是“水手”4 号的成像团队的一员，称火星为“破碎之地”。在和“水手”9 号相隔半个世纪后的今天，我们对火星的看法再次发生了变化，NASA 探索火星的整个方法也发生了变化。

在火星表面驰骋

1999 年，“火星极地着陆器”任务和“火星气候轨道器”任务因任务控制单元的设计缺陷而双双失败。2004 年，在“勇气”号和“机遇”号这对只有小汽车大小的火星车在火星表面实现气囊缓冲着陆后，火星探测计划王者归来。这两辆火星车是第一批“机器人地质学家”，每辆车都配备了一个照相机，其中一辆火星车可以分析来自火星地表和天空的光线，另一辆火星车的机械臂可以研磨岩石、分析其化学成分并在近乎显微镜的尺度下进行拍摄。尽管它们只能用乌龟般的速度行驶，但火星车们还是覆盖了很大面积的火星地表，为我们呈现了丰富的景象。“勇气”号成为第一位火星“登山者”，在 35 层楼高的赫斯本德山上发现了矿藏，这些矿藏似乎是一个古老温泉的产物，而在地球上类似的地形中有一种生命力顽强的细菌可以存活。另一辆火星车“机遇”号在火星广阔的平原上跋涉了超过 42 千米，这个距离足足是它“孪生兄弟”的 5 倍，它携带的仪器显示这片平原是亿万年前由一个咸海中的沉积物形成。“勇气”号持续探测了 6 年，远超其 90 天的设计寿命；“机遇”号更是坚持了 15 年，证实了如今荒凉的火星极可能曾经是一个适合微生物生存的栖息地。

当“勇气”号和“机遇”号在火星的严酷环境下（包

括火星夜晚的寒冷环境和永远覆盖在太阳能电池板上的灰尘）顽强地工作时，它们有了同伴。2012 年 8 月 5 日，我再次来到喷气推进实验室，目睹一辆 SUV 大小的“火星科学实验室”号（又名“好奇”号）火星车用仿佛来自科幻小说的着陆平台系统降落在火星表面上直径为 154 千米的盖尔陨击坑：一个火箭驱动的“空中吊车”在火星车下降时将其悬挂在一组电缆上，当“好奇”号的车轮触地时，“空中吊车”减速到悬停状态，割断缆绳，然后就飞走了。

在此之前，我曾看过 NASA 的“空中吊车”动画，当时我对此表示怀疑。我问设计它的工程师：“你认为这会成功吗?”我得到了他们自信的回答，但当我听说东西就在喷气推进实验室时，我又开始怀疑是否能成功。而 2012 年，似乎项目才刚开始，着陆行动就结束了，“好奇”号安然无恙地降落到了火星表面。我确实不应该怀疑我那些充满激情和智慧的朋友。无论他们的任务在局外人看来多么不可能实现，他们都可以取得胜利。假如有机会，他们甚至可以执行一项被视作火星探索中最困难的任务：将火星岩石和尘埃样品带回地球。这些样品将为解读火星上的谜团提供任何火星车都无法提供的线索。而且，从曾经适宜居住的地点精心挑选的岩石有可能最终解开火星上是否存在生命的谜团。（“好奇”号火星车在 2018 年发现了“海盗”号未检测到的有机分子，这给人们带来了希望。）但即使这些样品最终被带回了科学家在地球上的实验室，仍然有一个百年的梦想尚未实现：将人类送到那颗红色星球。

载人登陆的梦想

从“水手”4 号在 1965 年第一次飞掠火星开始，各种向火星发射的观测设备从火星总共传回了数千张照片，我最喜欢的一张照片是 2004 年 3 月 8 日由“勇气”号火星车在着陆大约两个月后拍摄的。仔细观察那张火星黎明前天空的黑白照片，你会看到一个光点，那就是地球，当时火星距离地球约 2.6 亿千米。我认为这张照片表明了人类探索火星时面临的巨大挑战。即使是用当今最先进的运载火箭，航天员也至少需要 6 个月才能到达那里，然后可能需要在那里待上一年，再花 6 个月返回。这对火星飞船上的所有要正常工作的复杂系统来说都是很长的时间，包括那些可以在飞船上 3D 打印的备件，只有在可用的备份件很充足的情况下才能防止出现故障。此外，还有健康方面的危险，包括来自太阳耀斑的辐射威胁，太阳发射的高速亚原子粒子流对未受保护的人类来说可能是致命的。

幸运的是，科学家发现，含有氢元素的物质可以很好地阻挡太阳耀斑产生的粒子。一旦接收到太阳耀斑爆发产生的太阳风粒子即将到达的预警，火星飞船的航天员就可以进入“风暴地窖”中等待，这个地窖被飞船的供水系统包围。但他们仍然容易受到星系间宇宙射线的威胁，这将增加航天员罹患癌症的风险。等他们到了火星，他们将不仅要抵御来自辐射的威胁，还要避免受到火星尘埃的伤害。火星尘埃已被证实至少含有一种有毒化合物。

想要在火星上生存，航天员必须收集火星表面下埋藏的冰和大气中的二氧化碳来制造氧气、水甚至燃料。不过，正如一位航天员跟我说的那样，这些问题与发射时爆炸、着陆时坠毁或再入地球大气层时燃烧的危险相比，就显得微不足道了。火星载人任务会遇到的危险也许比乘坐阿波罗飞船飞往月球的 24 名航天员遇到的危险还要多，前往火星的航天员们将不得不做好真的回不来的心理准备。

即使他们一路平安，他们还要能经受住以前太空旅行者从未经历过的深度隔离的考验。在火星上，他们的无线电信号传回地球需要很长的时间，同样需要很长的时间才能收到回复。如果他们发送“休斯敦，我们有问题”，他们在收到回复前将有足够的时间看完一集电视剧。在他们执行任务的大部分时间里，他们能实时交谈的对象只有同机组的同伴。在某种程度上说，他们将切断与家园星球的联系。这就是我看到“勇气”号的照片中地球是火星天空中一个孤独的、类似星星的光点时所想的。人类什么时候能亲眼看到这样的景象呢?

当我写这篇文章时，两个新的机器人正在探索火星：“火星 2020”任务的“毅力”号火星车，是“好奇”号的后代，它正准备探索一个可能曾是河流的古老三角洲；

一架名为“机智”号的小型直升机也已经在火星的天空中完成了首次飞行。除了重新开始 NASA 在火星上寻找生命迹象的任务（在这次探测计划中，目标是探测可能存在过的生命留下的化学特征），“毅力”号火星车将用设备钻入各种岩石中，收集大约 30 个岩芯样品，每个样品大约有粉笔大小，由后续航天器收集并带回地球。随着期待已久的样品返回工作终于开始，NASA 的火星探测机器人还在不断升级。

与此同时，雄心勃勃的任务规划者们已经计划在 21 世纪 30 年代载人登陆火星，但我怀疑计划是否真的能如期进行。早在 1954 年，著名的火箭先驱沃纳·冯·布劳恩就在《科利尔》杂志上写道：“人类会去火星吗？我相信会的，但要等一个世纪或更长的时间才能准备好。”我一方面觉得他是对的，另一方面又希望他有点过于保守，因为我想亲眼看到人类登上火星的那一天。我想亲眼看到航天员探索火星，听到他们穿越行星际的声音。我知道，对所有参与者来说，这将是最激动人心的时刻。参与者们必须拿出全部的热情和毅力来克服障碍。我认为他们会的，我也认为这是值得的，不仅仅是像乔治·马洛里在攀登珠穆朗玛峰时所说的“因为它就在那里”，而且因为只有我们自己在机器人之后亲自到达火星，我们才能真正了解我们隔壁的世界。也许有一天，人类会让这颗红色星球成为人类的第二个家园，会最终实现伟大的太空诗人雷·布拉德伯里在其 1950 年的经典著作《火星编年史》中所说的话：“火星是一个遥远的海岸，人们在上面劈波斩浪。”

◀校准颜色

这幅部分“自拍”图是“海盗”1 号于 1976 年拍摄的，当时它落在克律塞平原上，展示了航天器上携带的特殊校色卡，以便于分析人员确定火星的真实颜色和明暗度。

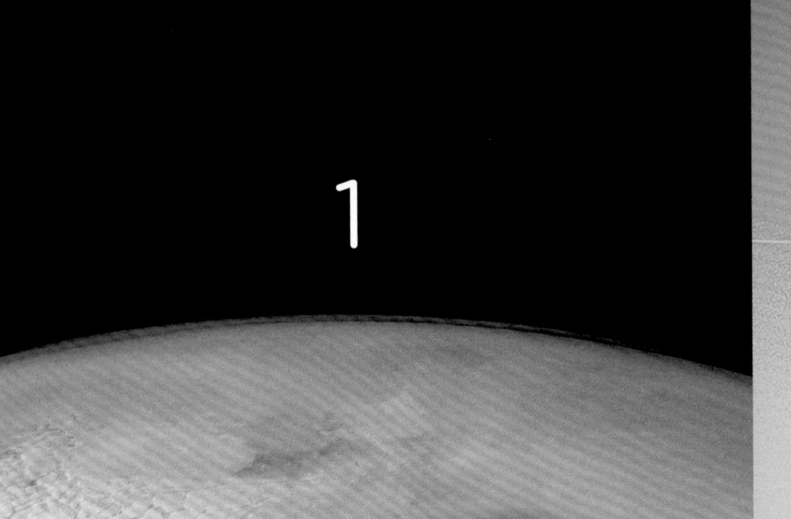

1

想象中的火星

外星人、帝国和入侵

▶不速之客

图为《火星编年史》中一幅名为“入侵者从地球过来了”的插图，1990年插图画家迈克尔·惠兰为该书出版40周年的纪念版创作了这幅插图。

一个多世纪以来，火星一直萦绕在作家、天文学家和艺术家的脑海里。我们对人类世界的期望常常反映在对火星的想象上。即使现在我们已非常清楚地知道火星表面的环境十分恶劣，我们仍然希望在火星上找到古代生命的迹象，这似乎是为了证明我们对这颗红色星球的长期迷恋并没有白费。

自从望远镜于 17 世纪第一个 10 年里被发明以来，我们在夜间总是好奇地朝着火星的方向凝视。1840 年，德国天文学家约翰·冯·马德勒和威廉·比尔首次对火星开展了科学测绘。他们建立了首个正式的火星经纬度坐标系，但有些地质特征的细节依然不清楚。1877 年，意大利天文学家乔瓦尼·斯齐亚帕雷利发布了他的火星地图，他尽其所能地记录下了几块大片的黑暗平原，这些平原由更狭窄的地貌形态松散地连接在一起，他把这些狭窄的地貌形态命名为“卡纳利（canali）”，在意大利语中，“卡纳利”是“凹槽”或“通道”的意思。但等到斯齐亚帕雷利的作品被翻译成英语之后，天文学家却由此创造出一个持续流行的神话。Canali 被错误地解释为“运河”（canals），即含水构造。

1894 年，美国天文学家珀西瓦尔·洛威尔开始在亚利桑那州弗拉格斯塔夫的一座望远镜观测台上开展对火星的密集观测，他几乎以一己之力建造了该观测台。他确信自己看到了在火星表面上纵横交错的运河。1896 年，他在一本名为《火星》的书中介绍了他的发现（类似主题的 3 本书中的第一本）。“我们看到了智能的产物，火星上有一个灌溉网络，”他满怀信心地宣称，“我看到了比人类更先进的物种的蛛丝马迹。”

洛威尔的工作并没有引起其他科学家的重视，但他提到的在火星上建设布满火星全球的运河、在极地冰层用泵站提取水的地外文明概念实在太有趣了，值得好好发挥发挥。报纸、杂志和小说作家都热衷于展示这些景象，其中最突出的例子就是英国作家赫伯特·乔治·威尔斯的经典小说《星球大战》。

赫伯特的灵感来自他的兄弟弗兰克，弗兰克曾问赫伯特：“如果有人从天上掉下来，像我们对待塔斯马尼亚人那样对待我们，那我们该怎么办呢？”欧洲探险家在 17 世纪 40 年代第一次抵达塔斯马尼亚岛。这个岛的人在之前的 4 万年里都没有受到干扰。在弗兰克·威尔斯思考岛上居民的命运时，他们几乎已经被全部消灭了。《星球大战》想让自满的英国读者体会被技术优越而生性残忍的帝国主义消灭的感觉。这部小说开头的几页如今看来还是那么震撼：

> 在 19 世纪的最后几年里，没有人会想到，我们这个世界正在被一种比人类更先进并且同样也会死亡的智慧生命聚精会神地注视着。在太空中的某处地方，他们聪明绝顶、冷酷无情，用嫉妒的眼光看着地球，就像我们对待已被我们灭绝的野兽一样对待我们，缓慢而坚决地实行针对我们的计划。

这个骇人的故事是以一个年轻已婚男子的口吻讲述的，他来自绿树成荫的伦敦郊区，向我们介绍了有触角的火星人驾驶着外骨骼装甲、上面带有“可怕的三脚架”和“闪闪发光的金属行走引擎”，每一个都配备了“隐形的能量轴”，它可以将沿途的任何东西分解。威尔斯描述火星人可以“产生一种强烈的热量……并通过一个抛光抛物面镜，以平行光束投射到他们想要针对的物体上。”

《星球大战》里没有拯救人类的英雄。叙述者只是无助地看着周围的人被先进的武器无情地屠杀。“有一段时间，我以为人类已经灭绝，而我独自站在那儿，是唯一幸存的人。”和突然开始一样，灾难又突然停止了。入侵者也有弱点，它们一旦被陆地微生物感染就会死亡。少数幸存的人类从避难所出来，回到这片被荼毒过的土地。

20 世纪初，《人猿泰山》长篇系列小说的作者埃德

▶外来入侵

英国作家赫伯特·乔治·威尔斯的《星球大战》是第一本现代科幻小说，于1897年以连载形式首次在《皮尔逊》杂志上发表，右图为沃里克·戈布尔创作的插图和当时杂志的页面。

THE WAR OF THE WORLDS

BY H. G. WELLS

I.

THE EVE OF THE WAR.

No one would have believed in the last years of the nineteenth century that human affairs were being watched keenly and closely by intelligences greater than man's and yet as mortal as his own; that as men busied themselves about their affairs they were scrutinized and studied perhaps almost as closely as a man with a microscope might scrutinize the transient creatures that swarm and multiply in a drop of water. With infinite complacency men went to and fro over this little globe about their affairs, dreaming themselves the highest creatures in the whole vast universe, and serene in their assurance of their empire over matter. It is just possible that the infusoria under the microscope do the same. No one gave a thought to the older worlds of space, or thought of them only to dismiss the idea of life upon them as impossible or improbable. At most, terrestrial men fancied there might be other men upon Mars—probably inferior to themselves and ready to welcome a missionary enterprise. Yet, across the gulf of space, minds that are to our minds as ours are to the beasts that perish, intellects vast and cool and unsympathetic, regarded this earth with envious eyes, and slowly and surely drew up their plans against us. And early in the twentieth century came the great disillusionment. The planet Mars, I may remind the reader, revolves about the sun at a mean distance of one hundred and forty million miles, and the light and heat it receives from the sun are scarcely half of that received by this world. It must be, if the nebular hypothesis has any truth, older than our world, and long before this earth ceased to be molten, life upon its

[Although Mr. Wells is a comparatively young man, his name has become, within a very few years, a familiar one in all English speaking lands. His books number a scant half dozen, yet they have achieved the widest reputation, not only because of the attractive style in which Mr. Wells clothes his brilliant imaginings, but also by reason of the underlying vein of philosophical suggestion. "The Time Machine," "The Wonderful Visit," "The Wheel of Chance," and "The Island of Dr. Moreau," are the stories upon which Mr. Wells' reputation is founded. The editor of THE COSMOPOLITAN hazards the opinion that "The War of the Worlds" will be regarded by the public as much in advance of any previous work of this author.—EDITOR.]

加·赖斯·巴勒斯出版了《火星公主》，开创了“巴苏姆”星球，此后很多人创作了一系列以此为故事背景的科幻小说。就像威尔斯一样，巴勒斯的灵感来自洛威尔的运河。很多读者对“巴苏姆”世界的生活产生了兴趣。运河和外来生物自是不用多说，还有一位美丽的公主德贾·托里斯。

回到现实生活，20世纪初，天文学家已经知道如何将棱镜连接到望远镜的末端，用以分析天体发出的光的光谱。对火星表面反射的太阳光的分析结果表明，火星的大气层非常稀薄，主要成分是二氧化碳。那里似乎没有水，除非是冰或永久冻土。科学证明了火星上不存在建筑大师，不过20世纪早期和中期的幻想小说依然热衷于描写火星上的先进文明。

相比其他小说而言，外星人主题的幻想小说更容易让人信以为真，甚至会引起恐慌。1938年10月30日，霍华德·科赫和杰出的戏剧导演奥森·韦尔斯将《星球大战》改编为美国哥伦比亚广播公司的广播剧。剧中有一名调皮的新闻记者，在一个大型乐队的音乐节目中，他突然插播广播：“晚上8:50，一个巨大的、燃烧着的物体，据说是一颗陨石，落在新泽西州格罗夫斯米尔附近的一个农场上，离特伦顿35千米。”

乐队继续演出，直到该“记者”又插播骇人的消息：“女士们，先生们，我刚刚收到一条来自格罗夫斯米尔的电话留言……至少有40人，包括6名州警，在格罗夫斯米尔村以东的一块田地里死了，他们的尸体被烧毁，已变形得惨不忍睹！”

我们不确定有多少听众相信该消息是真实的，但它确实吓到了很多人，尤其是那些没能听到节目随后播出的公告的人们，公告中澄清那只是一个恶作剧。有些人因为这场风波大惊小怪，威尔斯全都欣然接受了，因为实际上后续并没有导致威尔斯名誉受损的负面宣传。

雷・布拉德伯里的短篇小说选集《火星编年史》于 1950 年发表，以这颗红色行星为主题，它也是美国最著名的文学作品之一。人类探险家为了逃离受战争威胁的地球而来到火星，他们却没有受到火星当地居民的热烈欢迎，彼此都将对方视为威胁。火星人试图通过使用心灵感应，在地球人的脑海中植入美国小镇生活的奇怪景象，从而吓走这些不速之客。与此同时，地球人认为他们自己理应在新的地方安居乐业。

没想到，地球访客带来了疾病，火星人口因此大规模死亡。人类的罪恶感也演化成了暴力，其中一个人试图通过杀害他的同伴来保护火星文明，但失败了。在最后一个故事中，火星的原始居民全都死亡了，只留下了幽灵般的心灵感应的回声。地球已经被核战争所摧毁，挣扎着求生而逃到火星的人类非常孤独，未来完全是个未知数。一个孩子恳求他的父亲，“我一直想看看火星人。他们在哪里？爸爸，你之前可答应得好好的！”父亲带他去看早已灭亡的建筑师建设的运河里的水。他们的倒影也正凝视着他们。“他们在那里。”父亲说。

《火星之沙》（1951）是英国著名太空爱好者阿瑟・克拉克的早期作品。某个自给自足的殖民地想脱离地球，寻求政治和经济独立。记者马丁・吉布森介入了一个秘密项目，该项目旨在增加火星大气的含氧量，以使其适宜人类呼吸。殖民者的终极目标是引爆在火卫一内部的热核武器装置，并将其转化为一个人工太阳，可以持续燃烧 1000 年，并为火星供暖。吉布森决定留在火星上，以公关人员的身份投身于这项事业。实际上现在的科学家也有类似的想法，科学家想花费数百年甚至数千年的时间，通过先进的改造火星的技术和引入产氧植物来改造稀薄的大气层，从而将火星转变成一个更像地球的行星。

罗伯特・海因莱因在《陌生土地上的陌生人》（1961）中讲了一个故事，一个在火星探险中出生的人，在父母去世后陷入了困境，后来由火星人抚养长大。后续的人类探险队抵达后找到了他，并带他返回地球，“瓦伦丁・史密斯”努力适应地球的生活方式，然后将火星人教给他的东西教育人类让生活方式变得更好。这本书充分反映了 20 世纪 60 年代的反主流文化。“瓦伦丁・史密斯”关于爱情的不加评判的观点也吸引了很多读者。

那么，我们是什么时候开始形成当前对火星的印象的呢？它真的像我们认为的那样是一个冰冷的、没有水的、布满巨石的世界吗？在 1963 年 NASA 的一份题为《征服太阳帝国》的报告中，作者们说：“我们有理由相信火星上存在原始生命。”经过半个多世纪的深入调查，还没有人否认这一说法。

►优秀的插画家

1906 年，一家比利时出版公司出版了法语版《星球大战》，由巴西艺术家亨里克·阿尔维姆·科拉绘制插画。他独特的风格受到赫伯特·乔治·威尔斯的大力推崇，启发了无数描述外星人入侵的科幻小说。

◄神秘的流星

在阿尔维姆·科里亚给《星球大战》画的插图中，火星人来到地球时的飞船轨迹就像划过长空的流星，实际上火星人比流星危险得多。

◀奇遇

科里亚创作了这幅插画。当人类第一次看到来自另一个世界的访客时，他们发现来访者并不友好。

▶败仗

科里亚描绘了火星战争机器逼近无助、矮小的人类时的场景，让人联想到受到强大部队威胁的平民百姓该何等绝望，他们不可能打败这些侵略者。

◀电影中的恐怖场景

乔治·帕尔 1953 年的电影《星球大战》较好地呈现了威尔斯的原著。从那以后，这个故事被多次翻拍，并且经常与当代人最关注的事件一致，例如，史蒂文·斯皮尔伯格 2005 年的版本常常被视为一个鲜明寓言，讲述了美国民众在“9·11”恐怖袭击中感受到的绝望。

▲要是……就好了

上图是维吉尔·芬利为《神奇宇宙科幻小说》1957 年 10 月号设计的封面，描绘了火星应该成为的样子——至少在我们的梦中是这样的。

▶电影之间的竞争

1953 年，威廉·卡梅伦·孟席斯制作了《来自火星的入侵者》，试图在电影院击败乔治·帕尔的《星球大战》。

在太空中的某处地方，他们聪明绝顶、冷酷无情，用嫉妒的眼光看着地球，就像我们对待已被我们灭绝的野兽一样对待我们，缓慢而坚决地实行针对我们的计划。

——赫伯特·乔治·威尔斯，《星球大战》，1897年

◀▲外星公主

《人猿泰山》长篇系列小说作者埃德加·赖斯·巴勒斯凭借《火星公主》（起初作为连载故事在《全故事》杂志上发表）进入科幻小说领域。很多作家和科学家，如雷·布拉德伯里、阿瑟·克拉克和卡尔·萨根，都在年轻时就读过“巴苏姆”星球上激动人心的探险故事，由此产生了对太空的热爱。

▶奇怪的骑士

右图是 1969 年布鲁斯•彭宁顿为《火星公主》绘制的封面插图。“巴苏姆”星球上的绿色火星人有 4 条手臂，他们骑的马有 8 条腿，但出版社的美编最后没有让这种令人害怕的怪物出现在读者面前。

◄▲坚硬的装甲服

1934年2月，霍华德·布朗为一个名为《失落的火星之城》的故事绘制的插图登上了《惊悚故事》杂志的封面。装甲服的设计可能并不全是异想天开。未来的火星航天服可能有部分是刚性的。

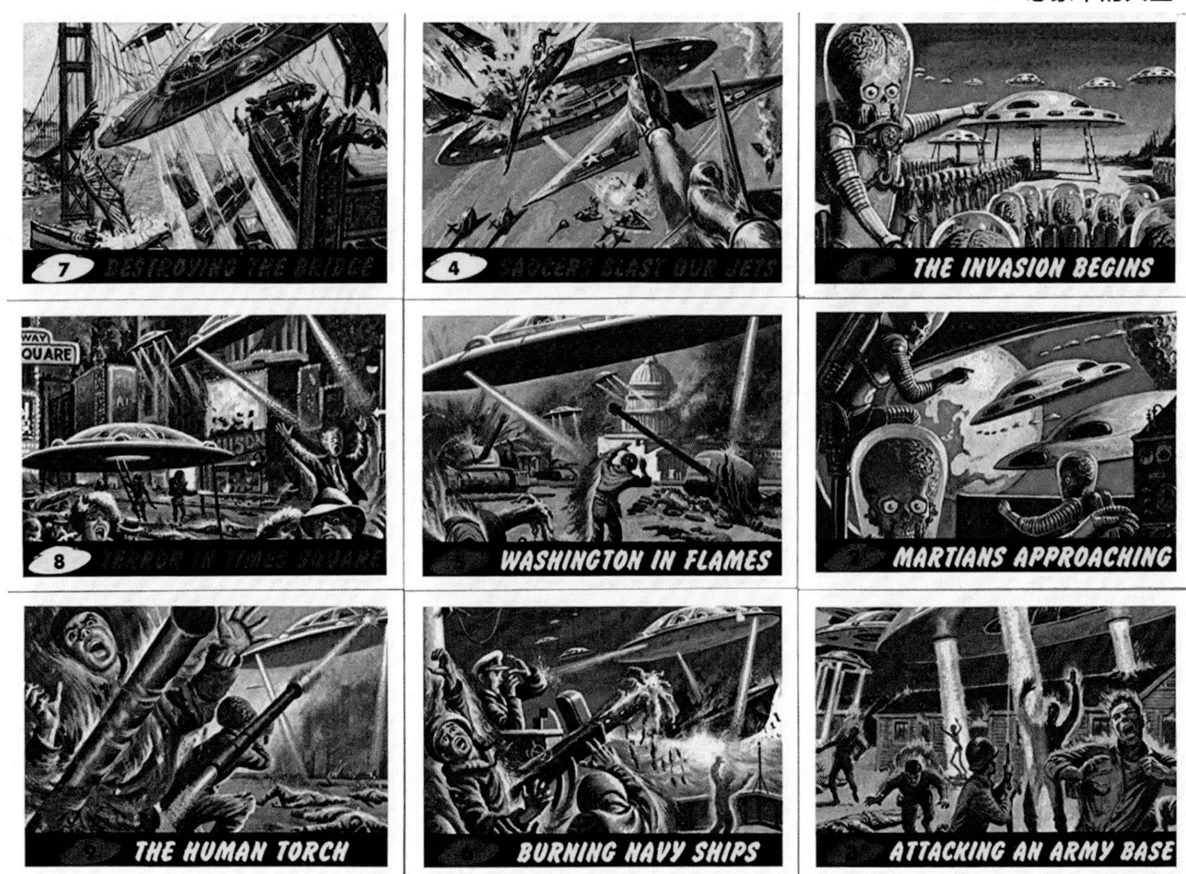

▶卡片上的生动故事

孩子们都喜欢收集和交换卡片，但很少有卡片能像Topps口香糖公司于1962年制作的《火星人进攻》系列那样引起如此大的轰动。诺曼·桑德斯和沃利·伍兹的这套作品在焦虑不安的爸爸妈妈们看来是可怕的暴力作品，但孩子们都非常喜欢。这些卡片启发了蒂姆·伯顿，他在1996年拍了一部相关的电影，这部电影的主角是杰克·尼科尔森，他饰演的美国总统被嘎嘎乱叫的入侵者化成蒸气蒸发了。

THE MARTIAN CHRONICLES

Based on the Novel by

Ray Bradbury

MAY 29 1993

Ray Bradbury

◀火星故事漫画集

左图是1972年道格·怀迪根据《火星编年史》画的漫画集，是他当时为现已停刊的洛杉矶杂志《西部》创作的。火箭机组人员之间发生冲突，一些人想不惜任何代价在火星上生存，而另一些人则想保护火星人免受人类的伤害。这本漫画一共只出版了3集，布拉德伯里的小说原著（实际上包括连环短篇小说）则一再被重印。

▲▶先进的文明

梅尔·亨特为1965年5月出版的《幻想与科幻》杂志设计的封面插画描绘了一个拥有城市和运河网络的火星，尽管天文学家当时已经知道火星上肯定不存在高级智能生物。

◀宣传海报

左图展示了航天员探索火卫一的场景。这是保罗·罗西1960年为NASA及其承包商制作的海报。这类想象未来的图像是向公众宣传的重要工具，美国政府用这种方式向公民展示真正的太空时代的大致情形和所需的成本。

▲▶告诉纳税人

从1952年到1954年，畅销杂志《科利尔》刊登了一系列极具影响力的探讨太空探索可能性的文章。切斯利·博恩斯泰尔是一个将概念带入生活的艺术家。从杂志中摘录的这些图展示了火箭先驱沃纳·冯·布劳恩设计的、从轨道器的“母舰”分离火星着陆滑翔机的方案。在那个年代，人们还不知道火星的空气到底有多稀薄。每架滑翔机都只关心起飞阶段。

第一批启程前往火星的人在两年半内不会返回地球。火星之旅非常艰难。但今天我们可以肯定的是：总有一天会成功的。

——火箭先驱沃纳·冯·布劳恩，1952年

2

第一次接触
探测真实的火星

◀迫不及待的成像

1965 年 7 月 14 日，“水手” 4 号历史性地首次飞掠火星，然后开始向地球传送图像，由于任务分析员们担心通信链路随时可能出现故障，因此他们决定将接收到的原始数字数据整理在薄纸上，再将其粘在一起，并用蜡笔对图像色调进行彩色编码。工作的成果如左图所示。而“水手” 4 号传回的真实图像请参见第 42 页的下图。

1965年7月15日，NASA的“水手”4号在经过230天的飞行后飞掠火星，它离火星的最近距离不到9656千米。在由机器人探索行星际空间的早期，拍照并将行星的图像存储在微型航天器上的磁带上再将它们一点一点地传输回地球是一个巨大的挑战。

“水手”4 号上的照相机拍摄了 22 张照片。 这艘小型航天器的无线电发射装置连续发射了 10 天信号才将相机的缓存发送完。 火星的第一张特写照片是由 200 条扫描线（200 个点组成） 组成的，用现代的话说，像素低。

拍到这些照片是一项巨大的成就。 与此同时， 它们也有些令人沮丧。 虽然没有人会真的期望“水手”号拍摄到珀西瓦尔·洛威尔描述的横跨火星的运河或古城遗址， 但科学家们也没有料到会发现数百个陨击坑。 从那些最初的照片来看，火星似乎像月球一样令人沮丧，表面都是撞击留下的坑坑洼洼， 没有生命存在的痕迹。 人们曾经希望在火星表面找到一些平缓的平原、沙丘连绵的沙漠，以及动态侵蚀过程的迹象。 大量的陨击坑和相对锋利的陨击坑壁似乎表明，自从数百万年前这些陨击坑形成以来，火星上就似乎按下了暂停键。 最令人沮丧的是， 火星表面没有明显的植被痕迹。

我们在地球上通过望远镜观察到火星赤道地区黑暗区域经常在变化， 甚至那些不相信“运河”存在的人们也认为， 这些区域的亮度变化可能是由火星上干涸的海床上附着的苔藓构成的地衣造成的。 实际上， 这些差别不过是地质特征上的细微差别， 或者是由不安分的火星尘埃形成的诡异形状。 造成火星地表季节性变化的是周期性的沙尘暴， 而不是火星上的生命。 “水手”4 号的侦察仅覆盖了火星表面的一小部分， 想要找寻火星生命的人不愿意就此放弃。

与此同时，苏联认为火星对它怀有“敌意”，这是情有可原的。 飞往火星的探测器想要成功很困难。 1963 年 6 月，苏联的“火星 1 号”飞掠过这颗行星，但没有传回任何数据， 因为它的无线电发射装置在到达火星之前 3 个月就坏了。 1971 年 11 月， 苏联的“火星 2 号”将一个有效载荷降落在火星表面，不过降落过程更像是坠毁， 而不是着陆。 在同年 12 月，苏联的“火星 3 号”按计划应该已经降落了，可它除了传回了短暂的难以理解的无线电信号， 并没有取得任何成果。

NASA 的运气则更好。 1969 年， “水手”6 号和“水手”7 号飞掠火星，传回了 201 张照片，展示了大片平坦的地形，特别是在火星北半球； 并证实了火星两极存在冰盖。 有几张照片显示，火星的大气层中似乎有一片片云彩，清晨的雾气依偎在火山口。 显然， 天气系统在起作用。 终于，火星表明自己仍是一颗活跃的行星。 这些沙尘暴尽管可能让寻找地衣的科学家们感到失望， 但不能改变它们是季节性变化的事实。

这些稍纵即逝的飞掠一方面令人沮丧， 另一方面却也还算收获颇丰。 随着 NASA 新兴火箭技术的成熟， 它研制出了一对更先进的“水手”号， 配备了小型火箭发动机，可以将它们制动到稳定的轨道上， 让它们能够更详细地观测火星。 摄像机系统也升级为一个可操纵的电视摄像机平台， 镜头可以切换。 每张照片都是由 700 条扫描线组成的， 每条扫描线有 800 个像素， 比之前的分辨率提高了 3 倍多。

原本的计划是“水手”8 号进入火星的赤道轨道， 而“水手”9 号飞掠火星两极， 从而实现对火星的全面覆盖观测。 可惜“水手”8 号在发射时失败了， 因此它的姐妹星“水手”9 号被重新设计了一个折中的倾斜轨道。 经过 167 天的飞行， 它于 1971 年 11 月 14 日到达火星，行程达 3.9 亿千米。 一场全球性的沙尘暴几乎遮住了整个火星表面，什么也看不见。

幸运的是， “水手”9 号在轨道上运行而不是飞掠， 因此可以选择等待。 这场风暴持续了两个月， 在此期间， 除了 4 个椭圆形的黑色斑点从黑暗中露出来，没有什么可拍摄的。由于这 4 个点彼此之间没有移动（它们形成了一个近似的“T”形），因此可以有把握地认为它们是固定的物体的最顶端。事实也确实如此，当尘埃最终散去时，它们就是 4 座巨型火山的火山口。最雄伟的那座被命名为奥林波斯山，占地面积大概相当于亚利桑那州，山顶的火山口可以放下整个夏威夷，足有 22 千米高，高度是我们地球最高峰珠穆朗玛峰的高度的 3 倍。

“水手”9 号发现火星地形的另一个特征是它有巨大的峡谷。亚利桑那州的大峡谷令地球上的游客们叹为观止，但这一令人印象深刻的地质奇观与水手号峡谷群相比，就微不足道。这个引人注目的峡谷群以发现它的宇宙飞船命名，被称为水手号峡谷，长 4023 千米。不妨想象一下从旧金山开车到纽约的距离，你就多少会有点概念了。陡壁往下延伸至平原地壳以下 8 千米。所有这些地貌有个很大的问题，至少从潜在游客的角度来看，它们太大了，要从太空中才能好好欣赏。奥林波斯山的面积有亚利桑那州那么大，水手号峡谷群非常宽，从地面上一眼望不到边。

火星地形最大的特征却最不明显。“水手”9 号发现的 4 座巨大火山与塔尔西斯隆起有关，塔尔西斯隆起是一个巨大的区域，在这个区域，火星的地壳被熔融岩石（岩浆）的内部压力抬升成一个巨大的土丘。火星曾是一个充满能量的世界，尽管奥林波斯山和它的小表亲们从 2500 万年前就沉寂了下来，那些古老能量的蛛丝马迹可能还隐藏在这颗行星锈红的外表下。

“水手”9 号最激动人心的发现则更为大众所知。1974 年，NASA 在官方发布的任务总结报告中提及，火星上存在着“蜿蜒的沟渠，沟渠中有泪滴状的岛屿，只有流水才能形成这种地形。”如果说“水手”4 号的飞掠探测表明火星只不过是一个冰冷的、死气沉沉的、像月球一样布满陨击坑的球体，那么“水手”9 号的发现则让人们重新认识到，在这颗红色星球上可能存在过生命。

“海盗”号计划

1976 年 7 月 1 日上午，位于华盛顿特区的史密森学会为新的国家航空航天博物馆举办揭牌剪彩活动。横跨主入口的是一条红、白、蓝 3 种颜色的彩带。杰拉尔德·福特总统站在它前面，却没有做出常见的剪彩动作。在 9660 万千米外的一个微型发射器发出的无线电脉冲触发了一台电动切割机，这条丝带是用遥控器在遥远的地方遥控剪断的。

11 天前，也就是 6 月 19 日，NASA 的“海盗”1 号探测器在经过 10 个月的完美飞行后，已经进入了火星轨道。按照 20 世纪 70 年代的技术标准，“海盗”号的复杂程度是相当惊人的。在飞往火星的途中，母船“海盗”号轨道器被装在一个白色的表面光滑的容器里，这个容器有两半，就像合上的一对汤碗。这是一个隔热罩，设计用于抵御进入火星大气时的高温。还有一层被称为“生物屏障”的覆盖层，保护外壳及内部经过仔细消毒的盛放物免受污染。NASA 不希望误将陆地细菌带到火星。

在外壳内部是着陆器本身，就像茧包裹着昆虫幼虫，它的触角折叠成紧密的束状，3 条腿藏在身体下面。这种仿生设计并不是凭空想象的。这是一个具有基本电子智能的智能设备。康奈尔大学的行星科学家卡尔·萨根是“海盗”号计划的核心成员，以其玉树临风的公众形象而闻名。他认为，从一方面来看，着陆器和昆虫一样聪明；而从另一个方面来看，着陆器也只像微生物一样聪明。1980 年，他在《宇宙》中写道：“细菌的进化需要数百万年，蚱蜢的进化需要数十亿年。我们只有一点经验，发明的技术就已经相当娴熟了。”

“海盗”号的主要任务是回答大家最关注的关于火星的问题：火星上有生命吗？NASA 设计了一套实验，可以以多种方式寻求答案。一个微型生物化学实验室占据了一个比汽车电池还小的空间，启动了一系列实验并对其进行监控，几乎完全没有来自地球上控制器的帮助。在这个小巧的盒子里，碳元素是这场演出的主角。

聚焦于碳元素

天体生物学家倾向于关注有机（碳基）化学，地球上所有生命都是碳基生命。所有生物都会吸收、重组和代谢以碳为基础的分子。其中一些分子，如二氧化碳或甲烷，相对简单。其他的，如蛋白质和 DNA，则更为复杂。如果分子混合物中缺少碳，就没有生命。1975 年，“海盗”号的首席科学家之一杰拉尔德 • 索芬向《国家地理》记者解释说：“碳具有令人难以置信的灵活性。原子可以形成长链，它们可以以无数种构型连接到其他原子上。只有碳才能提供我们所能想象的任何生物体所需要的各种各样的分子。”

1976 年 7 月 28 日，“海盗”1 号在克律塞平原着陆区域首次开展了对地球以外生命的搜索活动。当时，“海盗”1 号伸出它的机械臂，铲起一把火星土壤。由于从地球上发送指令到“海盗”1 号的卫星天线接收指令之间有很长的无线电时间延迟，因此人类不可能实时控制这个实验。任务控制员依靠“海盗”1 号自动拖运土壤，并在实验室的各个隔间之间均匀分配采样的样品。一旦样品就位，一系列实验同时启动，因为它们必须共享支持航天器硬件的关键部件，如加热器、气泵和数据磁带录音机。火星被“问”了 4 个问题。

1. 土壤中存在会与大气交换气体的东西吗？

气体交换仪器由大山 • 万斯和同事共同设计，他们来自 NASA 在加利福尼亚州的艾姆斯研究中心。气体交换仪器可以探测到火星土壤和周围大气之间的任何气体转移。将土壤样品浸泡在富含氨基酸、维生素和碳水化合物的营养液中。然后定期对微型试验箱中的大气进行取样，以查看土壤中是否有任何物质处理了这些养分并排出了废物。

过滤装置根据分子大小筛选分子。某些类型的分子会很快通过；其他的则更慢，就像一滴墨水渗透到一张吸墨纸上，分离出不同的成分一样。气体交换仪器能区分氢、氧、二氧化碳和氮等重要化学元素。然后，“海盗”1 号可以利用气体交换仪器显示的读数推断出简单有机分子是否存在，比如可能存在于地球微生物废物中的简单有机分子。

克律塞平原的第一个气体交换仪器测出的结果引起了一阵兴奋，因为土壤样品释放出一股氧气，将试验箱中的压力提高了 5 倍。“海盗”1 号科学家吉尔伯特 • 莱文当时说：“在我们测试的任何不含生命的地球样品中，我们从未见过如此大的反应。”但是氧气的迸发逐渐消失，气体交换仪器没有制造更多的惊喜。

2. 土壤中存在会释放碳的东西吗？

标识释放实验是由莱文设计的，莱文以前是一名公共卫生科学家，他更习惯于检测陆地饮用水样品中的污染细菌，而不是在其他星球上寻找它们。土壤样品和一定体积的火星大气一起被放入一个容器中。然后用含营养物质的汁液润湿土壤，这些汁液由“海盗”1 号提供，含有放射性碳 -14。如果碳 -14 进入土壤样品，不再重新出现，那将是一个令人失望的结果。但是，如果土壤中有东西喷出任何轻微的放射性废弃物，那将是一个非常重要的结果。莱文认为，他的实验产生了“海盗”1 号所有生物学结果中最积极的结果，这些结果与发现生命是一致的。营养素一被引入，辐射计数器就记录下土壤释放出的碳 -14 的数目。这些信号在火星上持续了 7 个火星日。在对照组样品中，在对这些样品进行标识释放实验测试之前，先对土壤对照样品进行加热灭菌处理，以破坏任何可能的有机化合物。加热后，不寻常的标识释放实验反应消失了。土壤中的某种东西似乎对强光照射表现出了我们所期望的与生物体相同的敏感性。

3. 土壤中存在吸收碳的东西吗？

加州理工学院的诺曼 • 霍洛维茨设计的热分解释放实验与莱文的标识释放实验正好相反。它寻找的是进入而不是从火星土壤出来的碳。这项研究的目的是寻找像地球上的植物一样的、从火星大气中吸入二氧化碳气体并将碳吸收到新陈代谢中的生命。

热分解释放实验试验箱用内部照明模拟阳光。实验中没有添加任何营养物质，因为重点是类似植物的化学反应，假设火星微生物可以从土壤、大气和阳光中获得所需的一切，而不需要额外的食物。

一份掺有“海盗”1号碳-14原子的“假”二氧化碳大气被注入了腔体之后，热分解释放实验系统运行了5天，随后将所有的气体都抽出，再将土壤样品加热到1112°F（600°C），用这种简单粗暴的方法撕开所有精细的有机结构，并将这些原子们送入辐射计数器。如果有任何碳-14从中出现，这将表明土壤中有某种物质在这5天中吸收了碳-14。最后检测到的碳-14是微乎其微的，但也确实存在。

尽管热分解释放实验最初的结果令人鼓舞，但霍洛维茨并不想给出断言。“我想强调的是，我们在火星上还没有发现生命，”他在NASA的新闻发布会上告诉记者，“我们获得的数据可以想象是生物产生的，但这只是众多可能解释之一。我们希望除一种解释以外排除所有其他解释，最终留下的解释才是正确的答案。”这让记者无法确定关于火星上的生命问题的答案是“是”，还是“否”。

4. 土壤含有有机化合物吗？

“海盗”1号最重要的测试成为让所有人都失望的测试。气相色谱仪/质谱仪由麻省理工学院的克劳斯·比曼负责，与气体交换仪器、标识释放实验和热分解释放实验组件都不同，它有一个装置，可以将土壤样品研磨成易于蒸发的微末。将土壤样品加热成蒸气，然后让它们通过一束带电粒子，这些粒子是从一个类似老式电视显像管后面的装置中发射出来的。当分子通过时，带电粒子会轰击分子并击出分子中的一些电子，使分子带上轻微的正电荷。于是分子会被磁场偏转。与质量较小的分子相比，质量较大的分子的偏转较小。在它们短暂而快速的旅程结束时，每个分子都会撞到电子探测器的屏幕，不同质量的分子撞击在屏幕上的不同位置。采用这项20世纪70年代的微型化技术，“海盗”1号应该可以检测出有机化合物。可惜，结果是：什么都没有找到。

一个艰难的生命星球

“水手”号和“海盗”号的任务让我们明白，接近火星只能按它的方式。这不是一个类似地球的世界。以其岩石外壳的基本结构为例。地球有7个主要板块（包括大陆和太平洋）和许多小板块。这些板块下方的熔融岩石地幔一直在移动，导致板块像巨大船只一样漂浮在岩浆海洋上。这些运动每年不超过几厘米，但在以数亿年为单位的时间跨度内，地球早已沧海桑田。板块撕裂时，板块之间会出现裂痕，在板块碰撞的地方，向上挤压形成山脉。板块构造运动使活跃火山的山峰逐渐远离其下方的岩浆热点，许多火山因此最终沉寂。与此同时，当新鲜地壳慢慢滑动到位时，热点抬升就形成了新的火山。夏威夷群岛就由一长串这样形成的火山组成。

与此形成鲜明对比的是，奥林波斯山和其他巨大的火星火山是相当孤立的，因此它们在整个活动期间必须一直保持在岩浆热点上方。火山口环形山的形状揭示了同一地点多次喷发的悠久历史。究竟是什么力量塑造了火星的景观，我们还不得而知，但可以确定的是肯定与塑造地球的力量不一样。

其次是火星的大气。它的大气都跑到哪里去了呢？“水手”号和“海盗”号的探测结果告诉了我们很多关于形成今天火星气候的信息。这颗行星的内部现在没有以前那么热。最大的证据是它的磁场与地球磁场相比非常弱。当地球绕着地轴旋转时，富含铁的熔融的地核的旋转速度与岩石外壳稍有不同，于是巨大的发电机效应就在地球周围产生出强大的磁场。这可以让来自太空的，特别是来自太阳的讨厌的亚原子粒子发生偏转，以免它们给地球上的生命带来危害。不幸的是，火星的发电机机制似乎被冻结了，因此它缺乏像地球那样的防辐射保护罩。

再有就是重力。火星的直径只有地球的一半，其重力只有地球的三分之一。火星大气的大部分已经散逸到太空，因为没有磁屏蔽来保护它们，也没有足够的重力来束缚它们，所以它们就会被太阳辐射剥离。如今的火星大气很稀薄，可能还在继续消失。这些对火星表面的生命来说不是什么好消息，但生活在表层土壤深处的微生物可能还可以免遭辐射。

“海盗”号任务结束很久以后，莱文和他的同事帕特里夏・斯特拉特声称“海盗”号的气相色谱仪 / 质谱仪不够敏感。甚至比曼也含糊其词地说可能是在火星表土中的有机物分子含量太低，没有让他的仪器产生什么响应。在地球上对气相色谱仪 / 质谱仪进一步开展的测试证实，尽管它确实是一个非常神奇的仪器，但有时它还是无法检测到非常微量的有机物质。虽然 NASA 宣布还没有发现火星生命存在的有力证据，但莱文依然声称已经发现了生命。普遍的看法是悲观的：火星已经死亡。NASA 显然已失去了兴趣，在之后近 20 年的时间里都对火星置之不理。

保持火种

与 NASA 不同，民众对火星的热情正在高涨。在 20 世纪 70 年代，一场由学生领导的名为“火星地下组织”的运动在科罗拉多博尔德大学展开。起初，这只是一场平淡无奇的运动，但很快就吸引了专业的爱好者们：罗伯特・祖布林，一位对未来人类登陆火星有着激进新想法的航空工程师；卡特・埃玛特，一位杰出的项目可视化艺术家；极具号召力的太空记者伦纳德・大卫；此外，还有“火星地下组织”联合创始人、生物学家彭妮・波士顿和物理学家史蒂夫・韦尔奇，以及数百名支持重返火星的人士。1981 年，“火星案例”系列会议的第一次会议召开。越来越多的知名人士前来了解相关情况。NASA 在筹划新的火星任务时也关注到了这一点。

1993 年 8 月 21 日，NASA 耗资巨大的新探测器“火星观察者”号失联，当时它正准备启动推进系统，进入火星轨道开展勘测任务。燃料泄漏导致航天器在推进系统启动时爆炸。这场灾难导致 NASA 当时的负责人只批复“更快、更好、更便宜”的任务。样品返回任务和火星车的计划都被搁置。因此，当喷气推进实验室的工程师唐娜・雪莉提议在低成本的新体制下，在已经很小的着陆器上增加一辆微型火星车时，她的同事们都持怀疑态度。

与此同时

1996 年 7 月，NASA 的一组科学家宣布他们在地球上发现了火星生物化石的可能痕迹。12 年前，一个地质队驾驶着动力雪橇穿越南极冰原，他们在没有岩石的冰原上寻找陨石。雪橇突然停住，一位身穿皮大衣的年轻女子走下来，吸引她目光的是一块半埋在冰里的土豆大小的深色环状物。“嘿，这个看起来不错！”她不禁惊呼。十多年后，美国国家科学基金会的陨石搜寻小组的成员罗伯塔・斯科尔在华盛顿的几十个摄像机前，解释她在南极洲偏远的艾伦山冰原上发现的东西。

人们在地球的艾伦山发现了一块火星岩石碎片，将其命名为 ALH84001。大约 1500 万年前，一颗可能来自小行星带的陨石撞击了火星，ALH84001 被抛入了太空。ALH84001 摆脱了火星的引力，绕太阳运行。大约 13000 年前，它由于离地球太近，被拽入了地球大气层，最后降落在南极。在降落过程它被加热，熔化了它遇到的冰并一头扎进其中，过了很短的时间，它周围的融水再次冻结，将其封住。数千年来，风和冰的运动逐渐将它又暴露在空气中，直到有一天，斯科尔发现它躺在冰面上。“它看上去很绿。我觉得它很奇怪。”

而它究竟有多奇怪也并非马上就能看出来。ALH84001 被登记为普通小行星碎片，并被运送到位于休斯敦的 NASA 约翰逊航天中心。这一放就是 9 年，直到 1995 年，约翰逊航天中心科学家大卫・麦凯伊和同事埃弗里特・K. 吉布森对这个样品做了检查。他们在这块陨石内部发现了微小的橙色斑块。乍一看，这些富含碳的特征像是陆地厌氧细菌在岩石表面留下的矿床。这些斑块富含钙和锰，并且有带状分布的碳酸铁和硫化铁。在如此小的尺度下，不同材料的分层表明，它们的起源比无生命化学更复杂。

1996 年 8 月 6 日，NASA 正式发布了新闻稿，宣布：“有一项惊人的发现，表明 30 多亿年前的火星上可能存在一种原始的微生物。”两天后，比尔・克林顿总统向全世界

▶被取消的计划

这项于 1987 年 5 月提出的提案是在“海盗”号之后提出的火星计划的典型代表，这些计划甚至都没能通过方案阶段。右图画的是一个大型火星车正在收集岩石样品，而一个小型火箭则在等着将样品带到地球。

宣布：“如果这一发现得到证实，它将肯定是我们通过科学得到的关于宇宙的最重要的发现之一。”

令人沮丧的是，ALH84001 中的那些“线索”都是矿物形式的。一个个分开来看，所谓生命的每一个标记都可以用无生命化学来解释。尽管总体来说，这个岩石样品中异常现象格外多，但二十多年时间过去了，我们仍然无法确切地知道该岩石中到底有什么秘密。

当然，ALH84001 重新激发了公众对火星的兴趣。好像突如其来似的，喷气推进实验室的工程师唐娜·雪莉的小型廉价火星车任务被正式立项了，并取得了成功。

◀机器人特使

1964 年 11 月 28 日，在首次成功飞掠火星之前，技术人员对“水手”4 号探测器做发射前的最后检查。

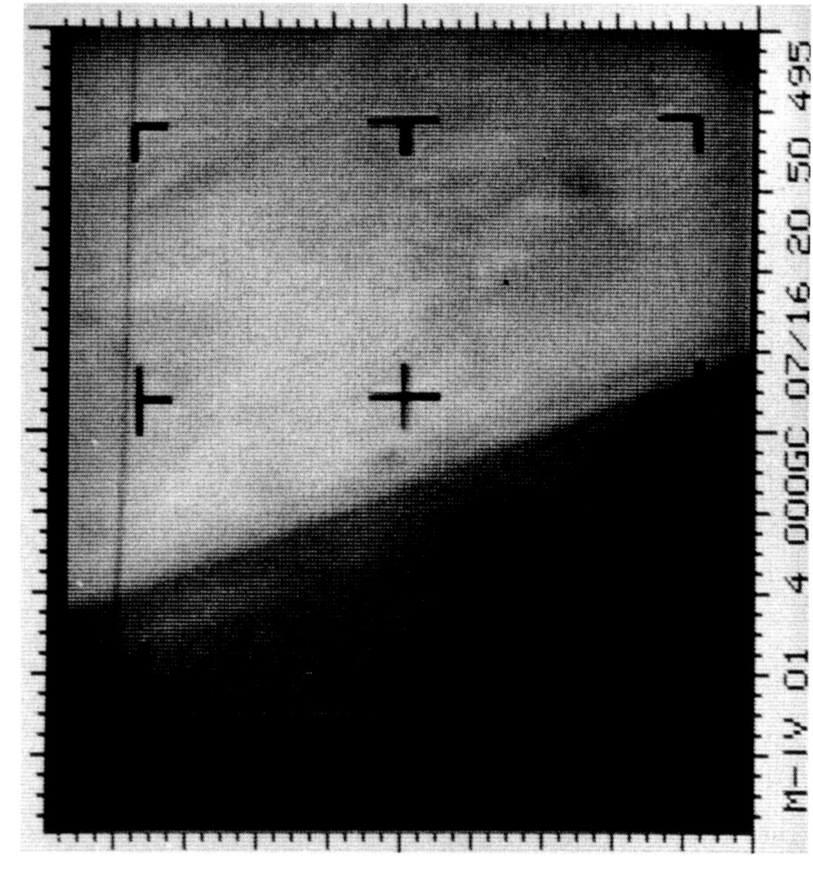

◀历史性的第一瞥

经过 8 个月的飞行，“水手”4 号探测器成为人类历史上第一艘拍摄另一颗行星近景照片的航天器。左边这张照片拍摄于 1965 年 7 月，照片中展示的是一个大约 322 千米宽的区域，靠近埃律西昂平原和阿耳卡狄亚平原的边界。

▶令人失望的陨击坑

右图是“水手”4 号拍的 22 幅序列照片拼合成的一幅图像，展示了一个直径为 151 千米的陨击坑，周围有一些较小的起伏，乍一看，这像是单调的与月球表面类似的地形，令人沮丧。

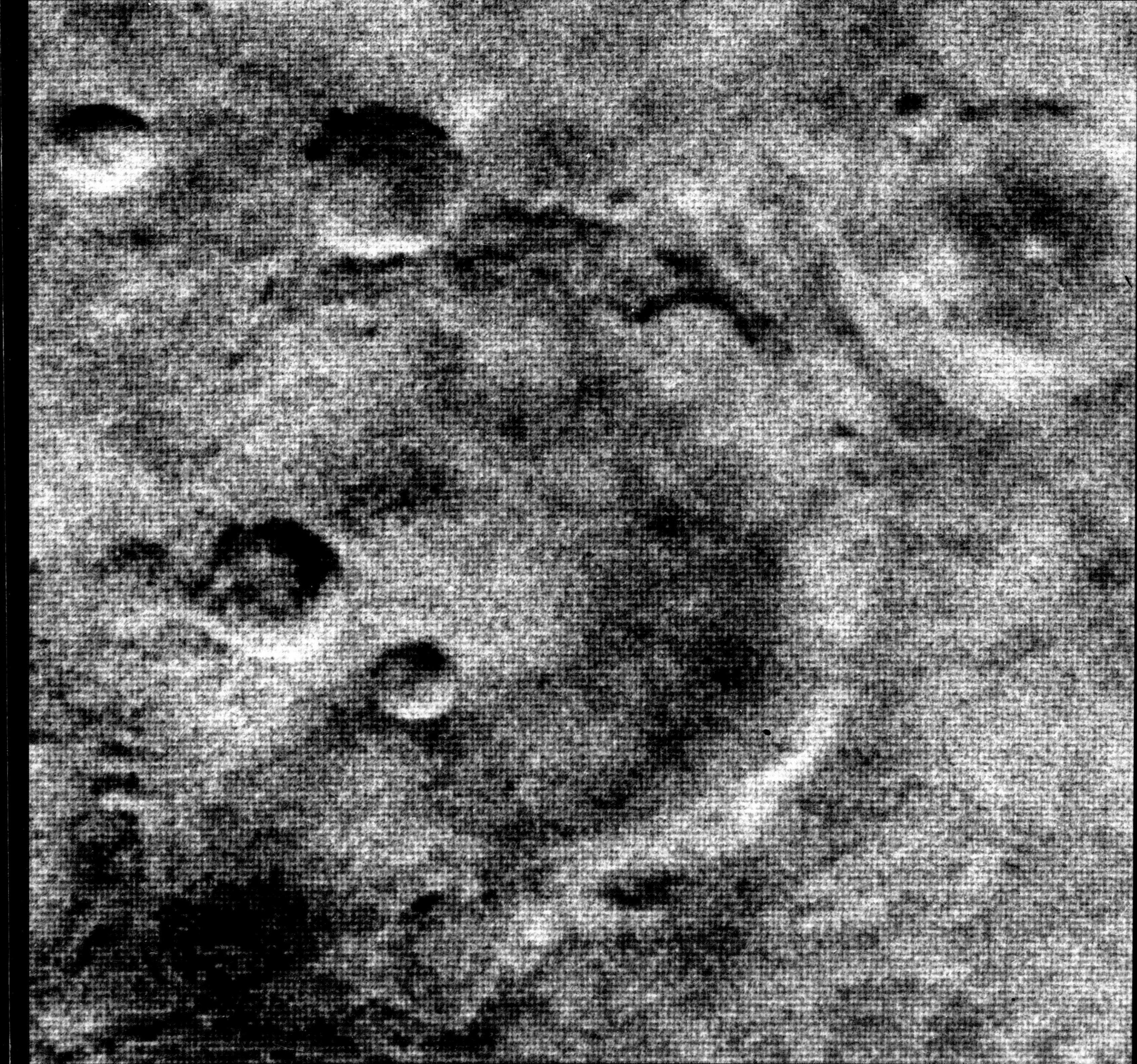

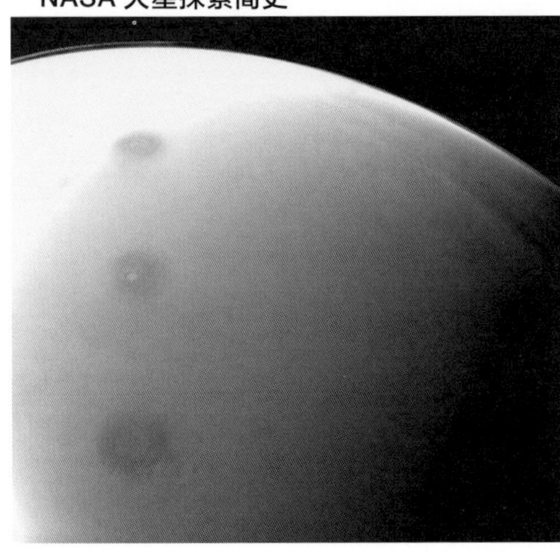

◀令人惊讶的山峰

1971 年 12 月，NASA 发布了一张照片，展示了从横跨整个火星的沙尘暴的阴霾中出现的黑色污迹，这场沙尘暴起初阻碍了“水手”9 号探测器从轨道上观测火星的视线。随着尘埃散去，可以很明显看出这些都是巨大火山的山顶。

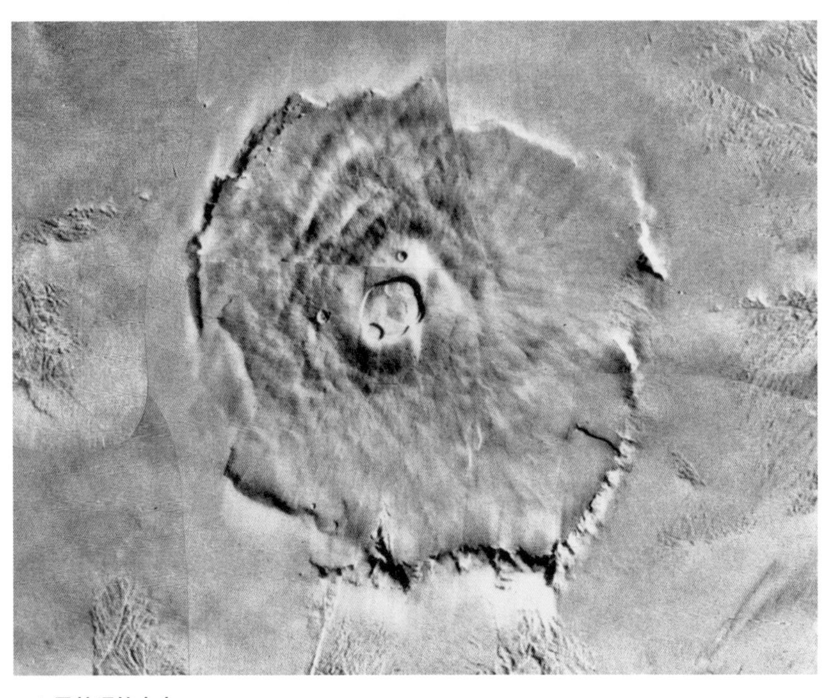

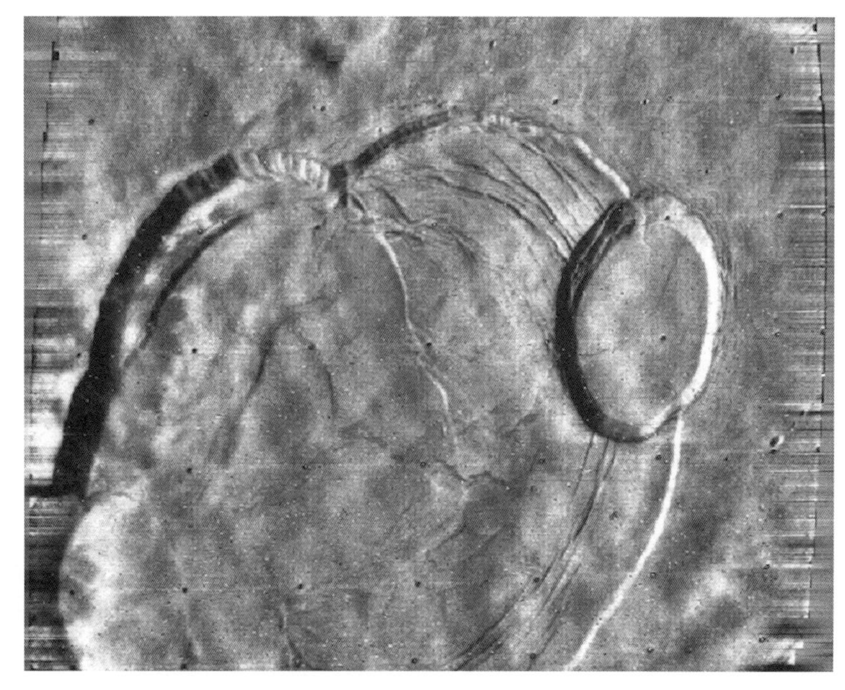

▲最壮观的火山

左上图是 1972 年由“水手”9 号探测器拍摄的奥林波斯山的多幅照片拼接而成的图像，右上图是火山口盆地的近景，显示了多次喷发的证据。奥林波斯山大约有亚利桑那州那么大。最后一次喷发发生在 2500 万年前。

▶坡度平缓而体积巨大的山脉

在 20 世纪 70 年代后期，“海盗”号探测器获得了火星的彩色图像。通过使用不同的滤光片拍摄单张照片，然后把多张照片合成一张图像。右图是 1978 年 6 月 22 日，“海盗”1 号探测器的轨道器拍摄的奥林波斯山的照片。奥林波斯山是一座“盾状”火山。低黏度的熔岩向四面八方流淌，形成一座坡度平缓的绵延山脉。

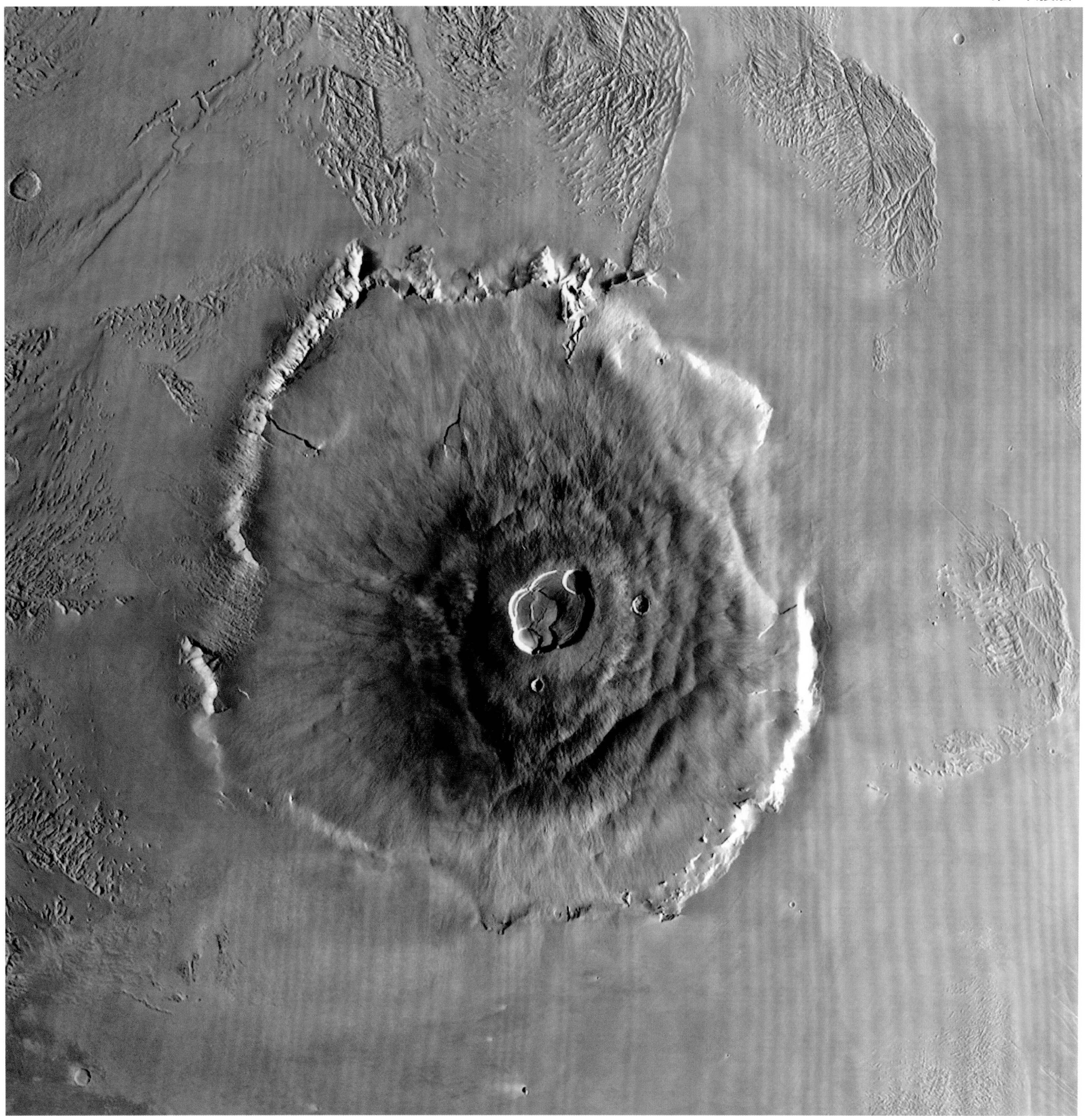

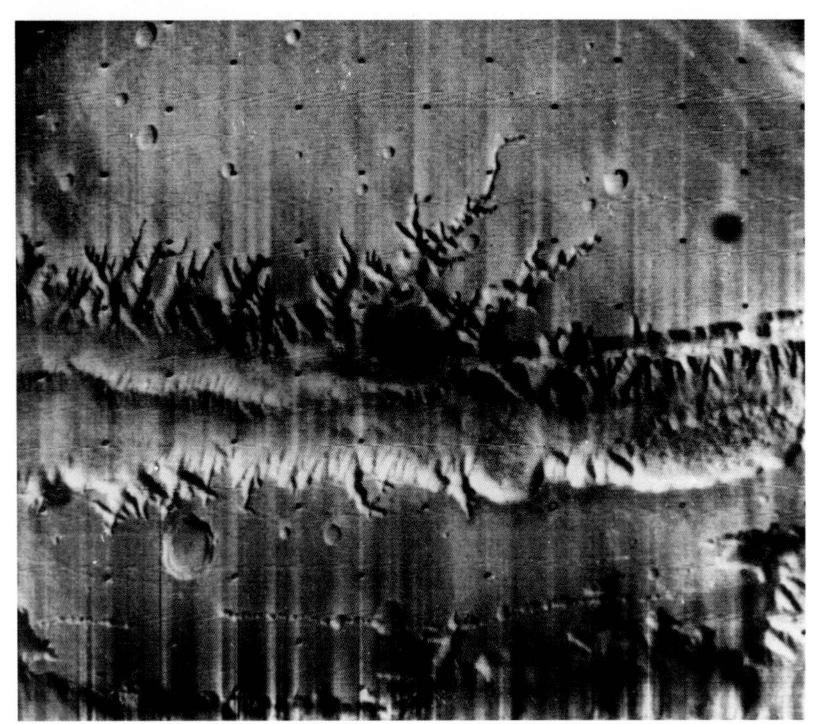

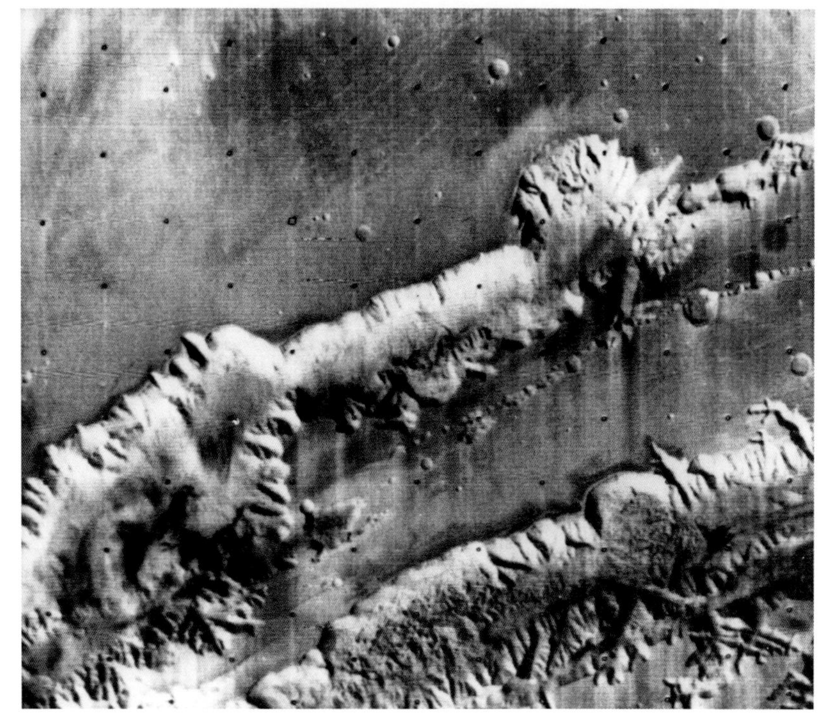

▲最大的沟渠

上面两张图是“水手”9号探测器在1972年拍摄的水手号峡谷群特写照片。

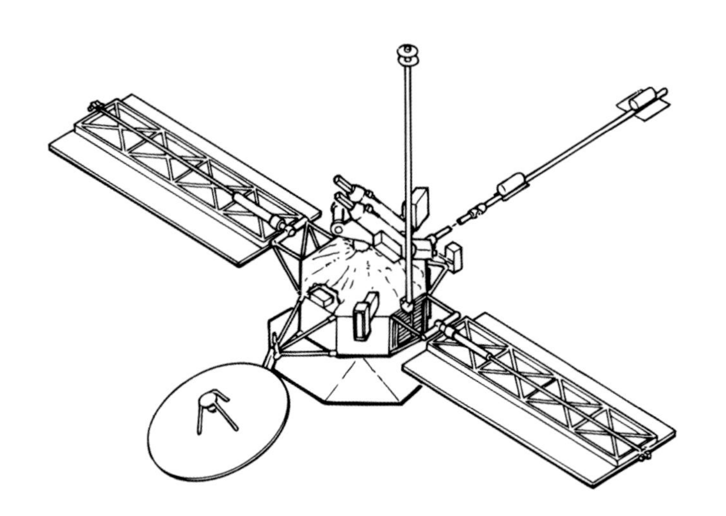

►火星全球视图

右图是使用“海盗”号探测器在1980年2月22日拍摄的100多张照片合成的图像，展示了长超过3200千米、宽600千米、深8千米的水手号峡谷群。图像上可以看到3座火山：阿斯克劳山（上）、孔雀山（中）和阿尔西亚山（下）。奥林波斯山就在画面的西北方向。这4座火山都位于一个被称为“塔尔西斯隆起”的巨大凸起的地壳上，很久以前下面岩浆的压力向上推起形成了这个隆起区域。

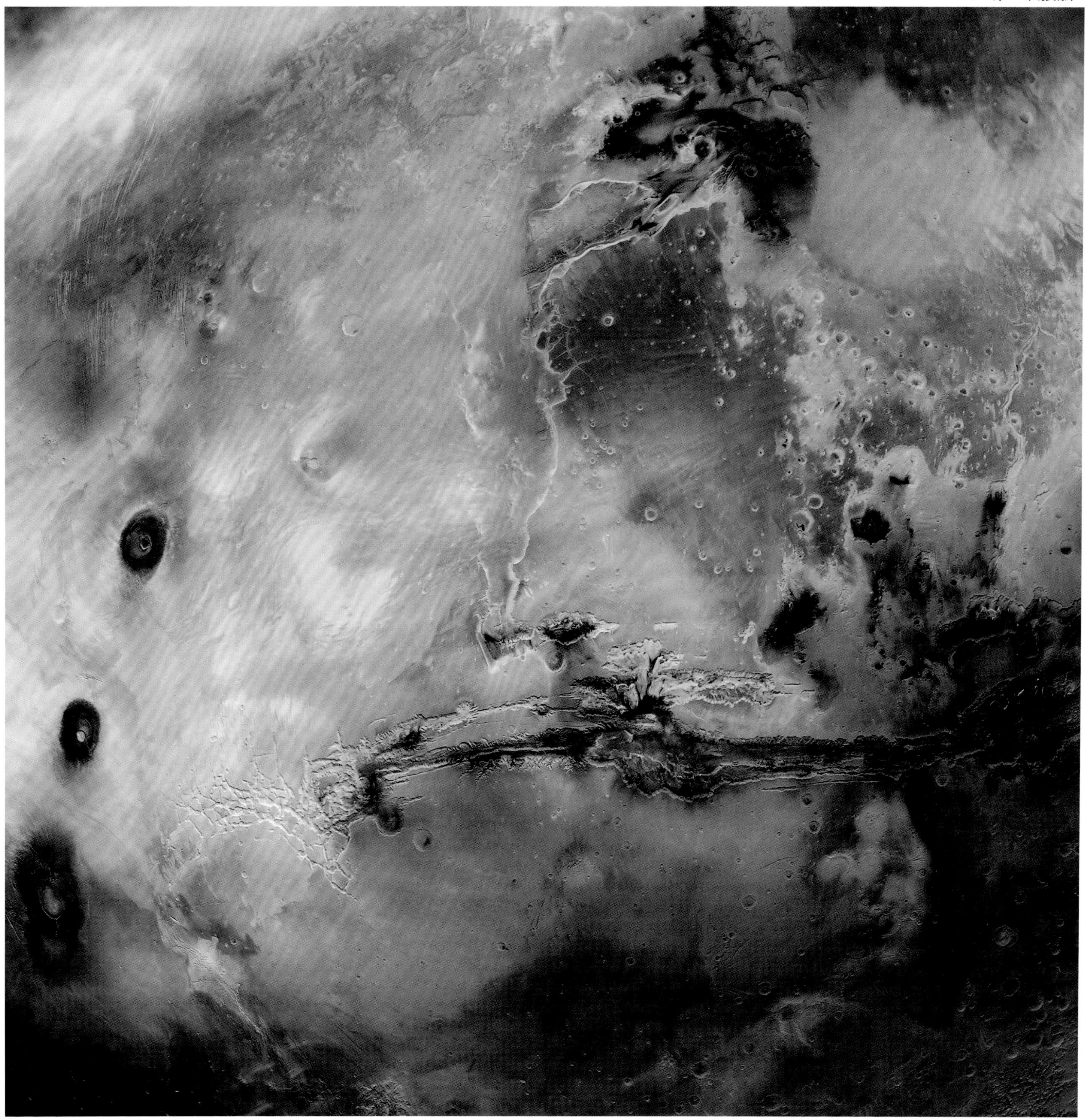

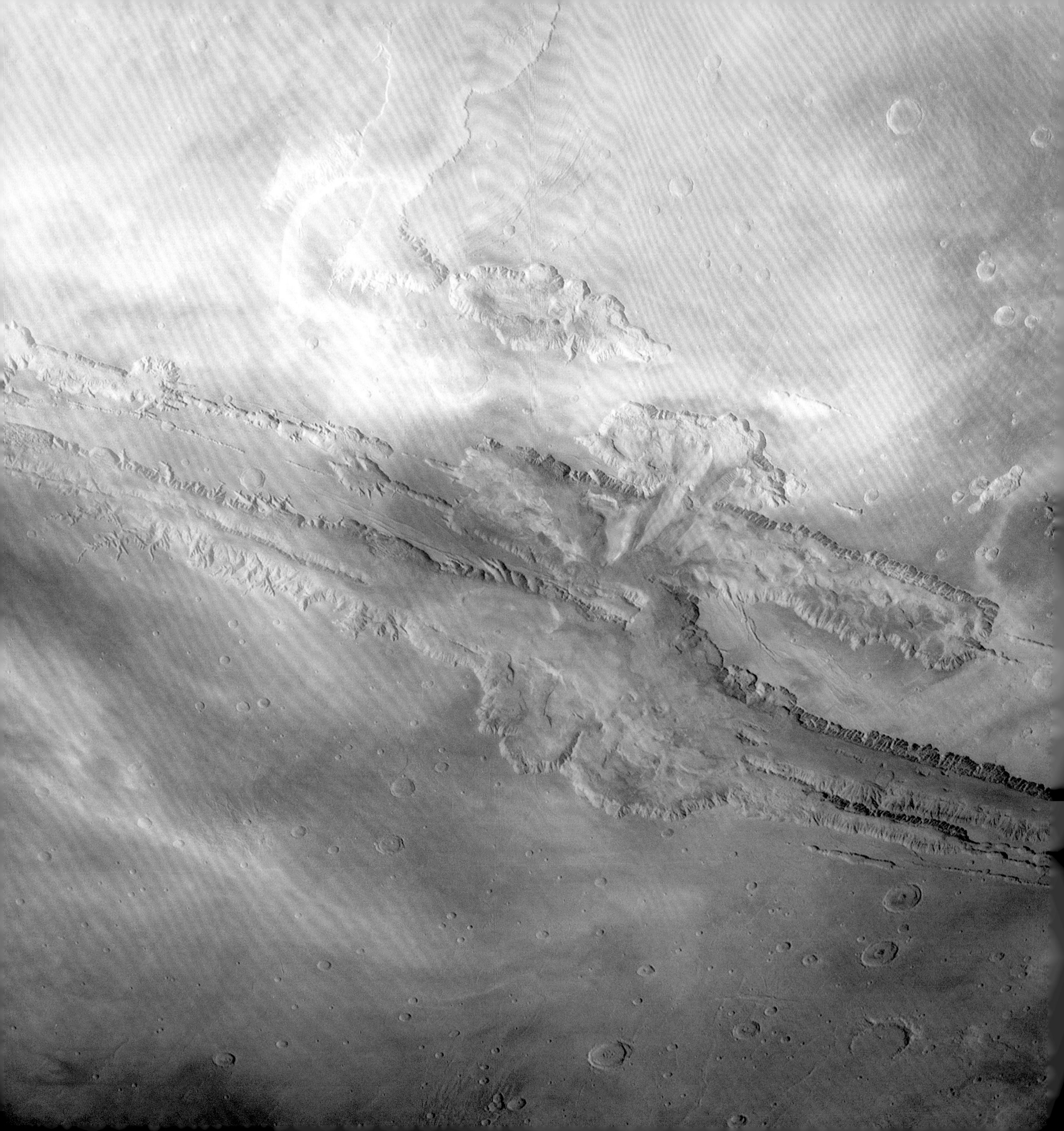

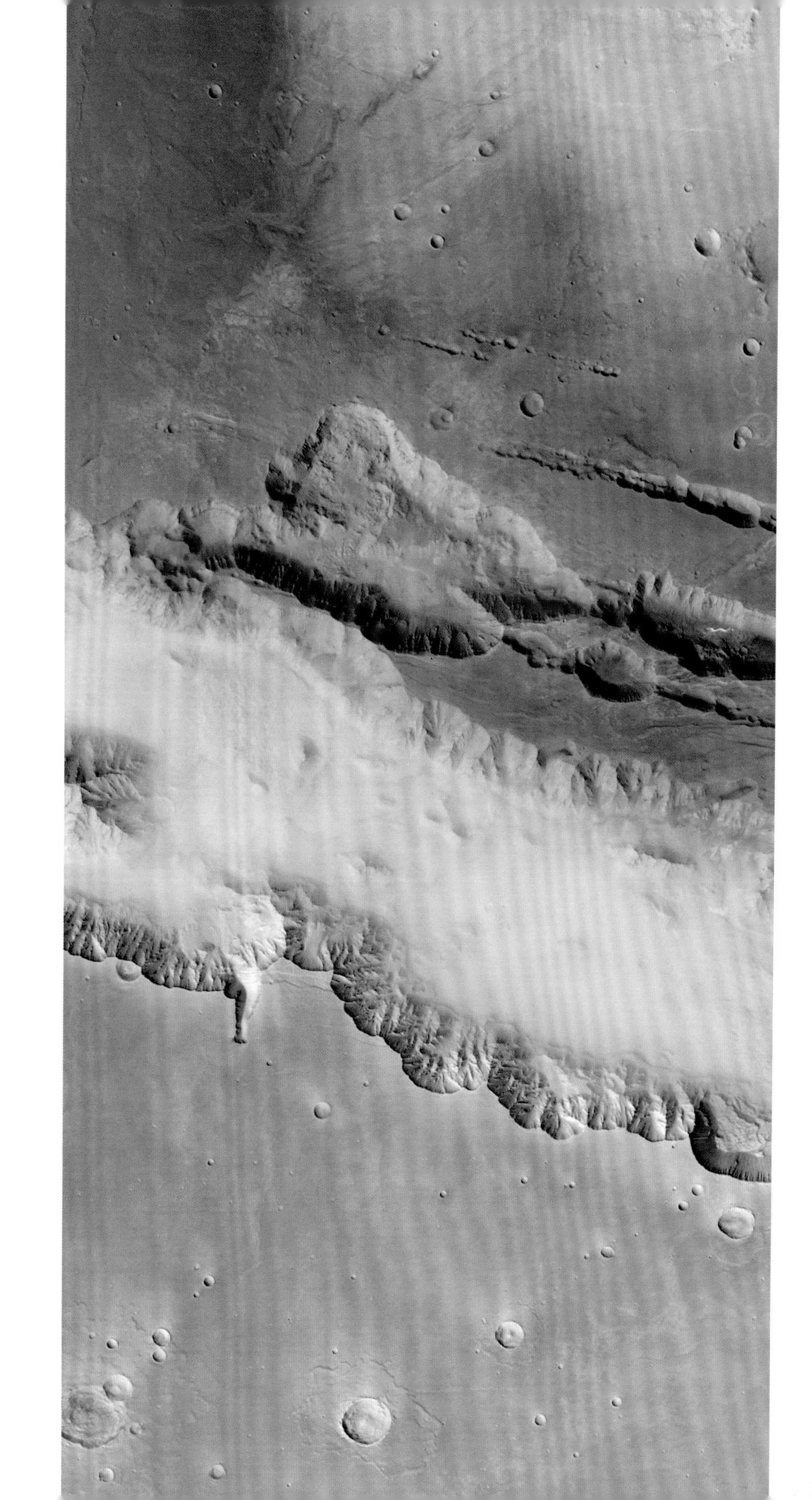

◀▶火星的天气

“海盗”号探测器在水手号峡谷群观测到了明显的水冰雾和二氧化碳冰雾，这表明冬季气温很低。峡谷和火山口底部地势最低的地方是最温暖的，因为那里的大气最厚。当火星在绕太阳公转的轨道上离太阳最远时，火星表面就会形成冰雾。

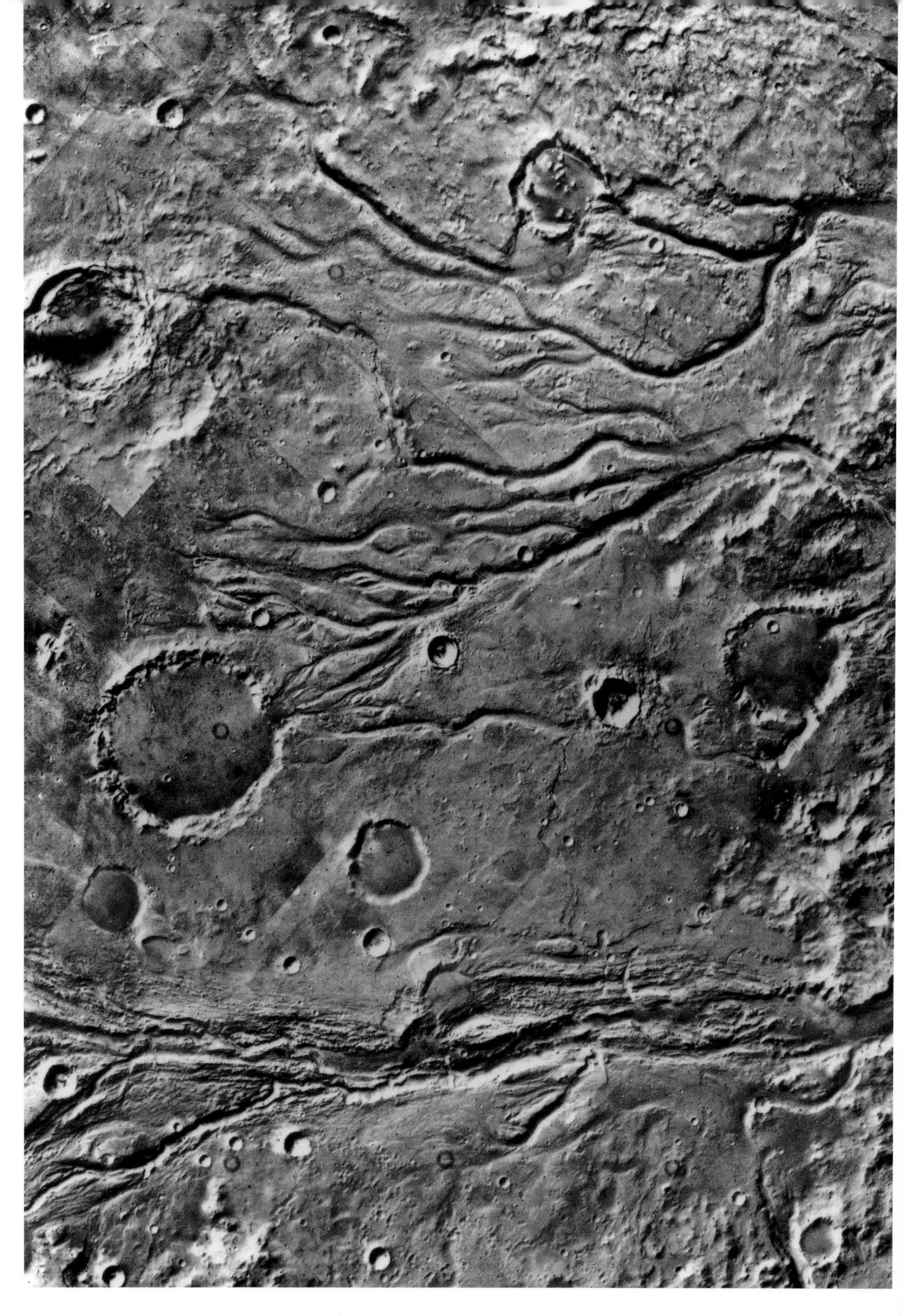

▶急流

“海盗”号探测器拍摄的克律塞平原（“海盗”1号在那里着陆）以西的卢娜高原上的满是坑洞的平原和高地的照片拼接而成的图像。那些像河道的地形很可能是火星早期的灾难性洪水造成的。

▶火星上的河流

右图是“海盗”号探测器拍摄的曼加拉峡谷群的照片的拼接图，这是一个超过900千米长的复杂水道系统。水流向北，流向亚马孙平原。这是火星过去有流水的众多迹象之一。

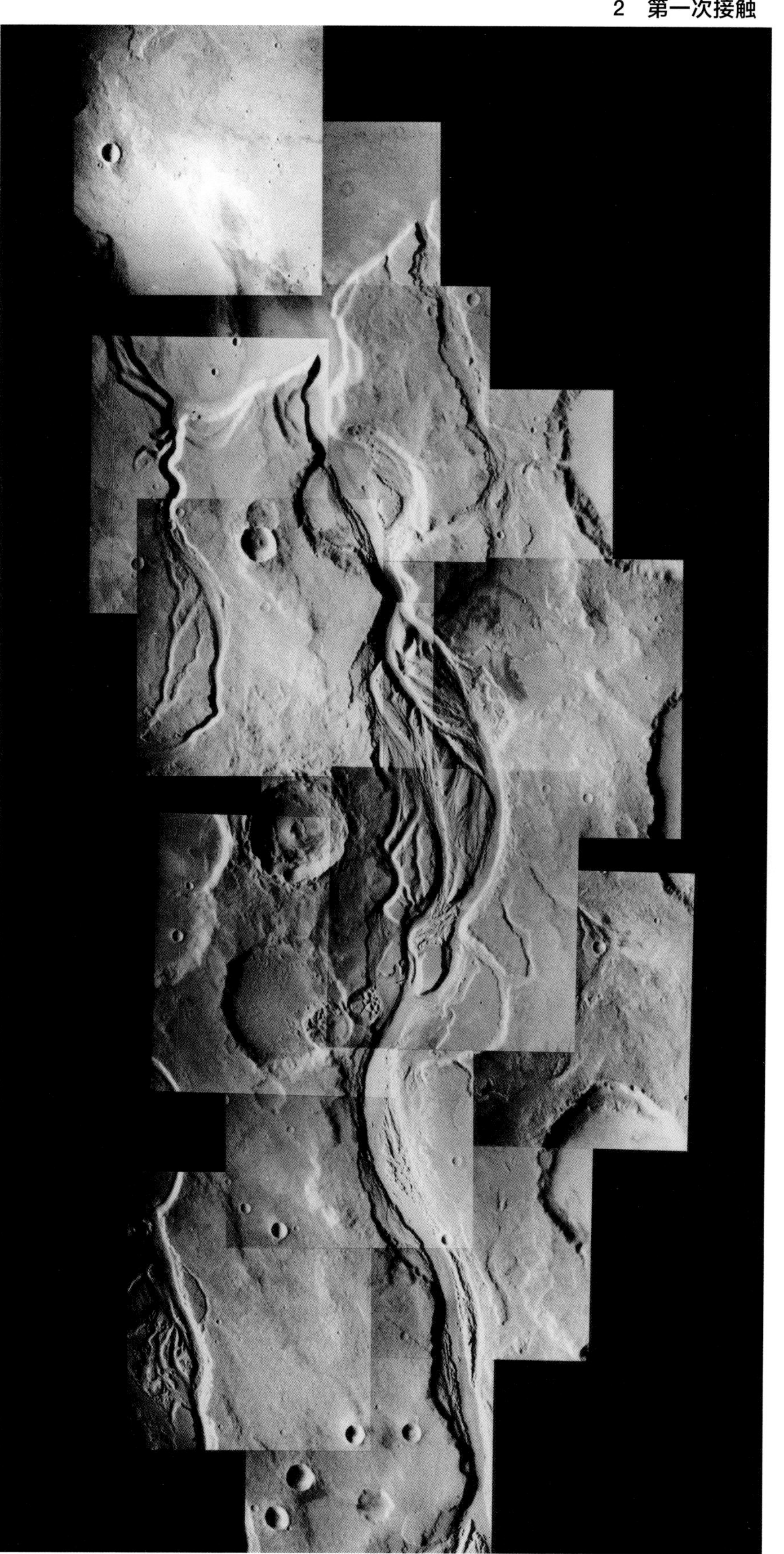

▲手工制作的全景照片

上图为NASA的行星科学家帕齐•康克林正在处理一组1972年由“水手”9号探测器拍摄的照片。在数字合成照片时代之前，必须通过手工把来自行星探测器的单个照片一点点地重叠在一起然后慢慢黏合才能获得全景图。

►冰旋涡

右图为“海盗”号探测器对火星极地的冰的清晰成像。冬季气温寒冷，再加上低温时二氧化碳冻结导致大气压强发生了变化，于是产生了强风，强风随着火星自转螺旋上升，将火星极地的冰层吹成这种独特的形态。

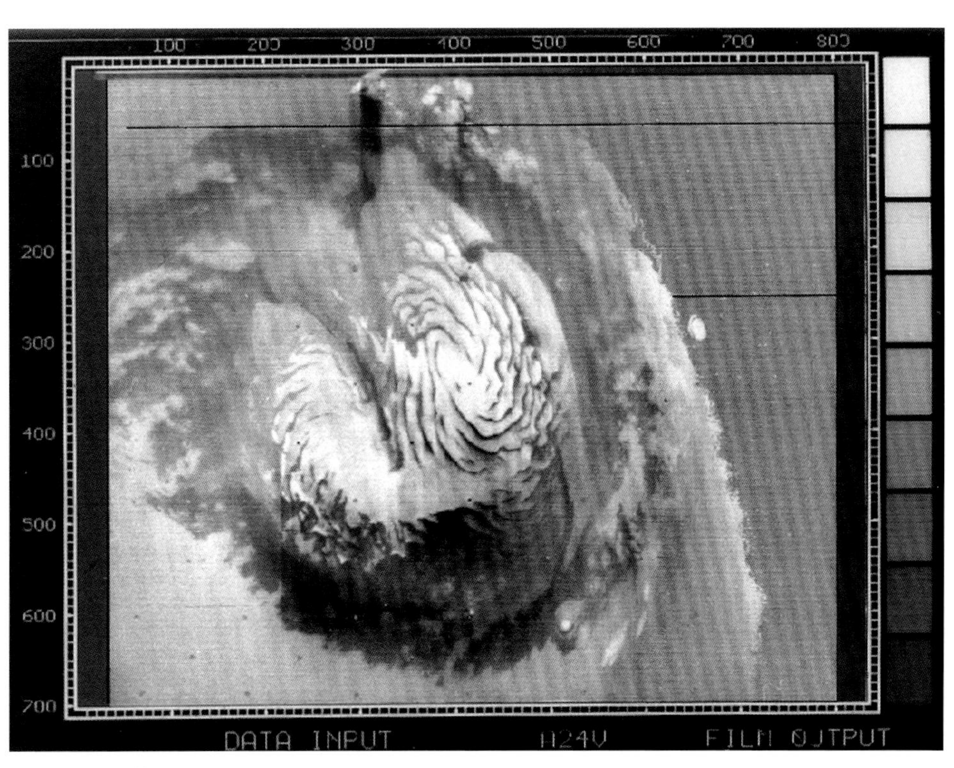

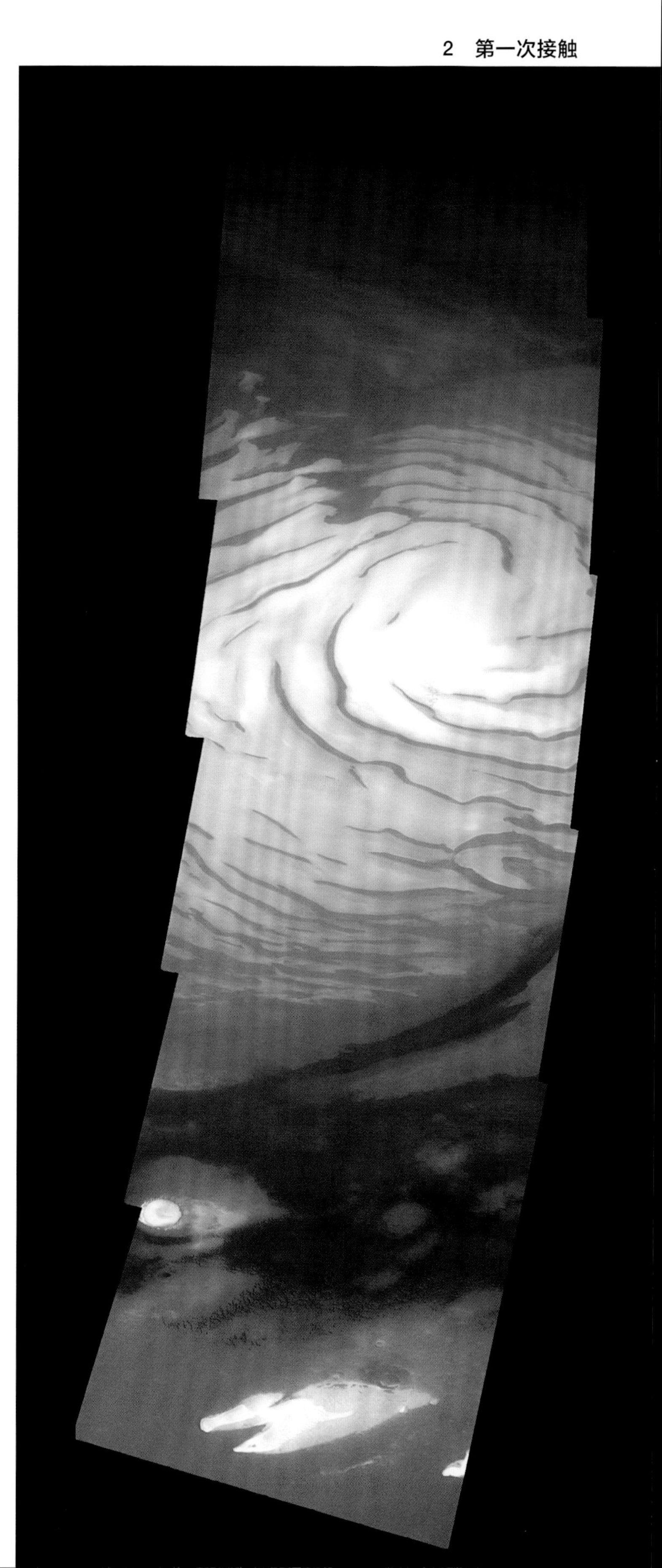

◄▲火星极地

这两张照片是“水手”9号探测器在1972年拍摄的火星北极。在火星极区，混合在灰尘和土壤中的水冰占据了主导地位，但在隆冬时，冰冻的二氧化碳积聚在水冰层的顶部。每到冬季气温下降时，火星极地上空会形成水冰和干冰混合云。而当春天再次来临时，一些干冰不经过液相从固相直接升华成气相。

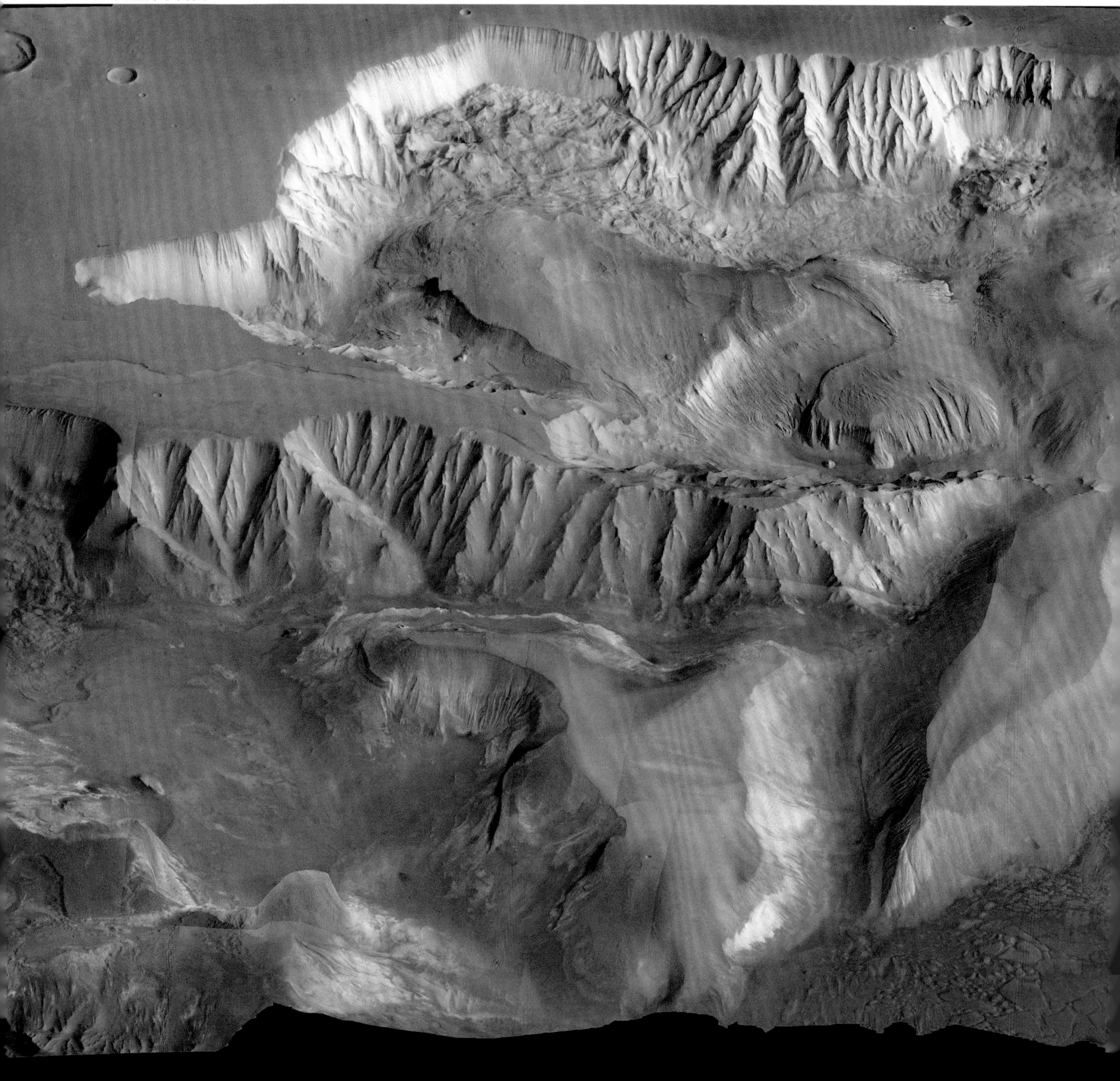

◀坍塌的陡坡

左图为“海盗”号探测器对俄斐深谷的斜视照片，它是水手号峡谷群的一部分。俄斐深谷平滑的斜坡是由侵蚀坍塌形成的。峡谷北侧的岩壁底部杂乱无章地堆积了成堆的物质，表明这里曾经发生过山体滑坡事件。

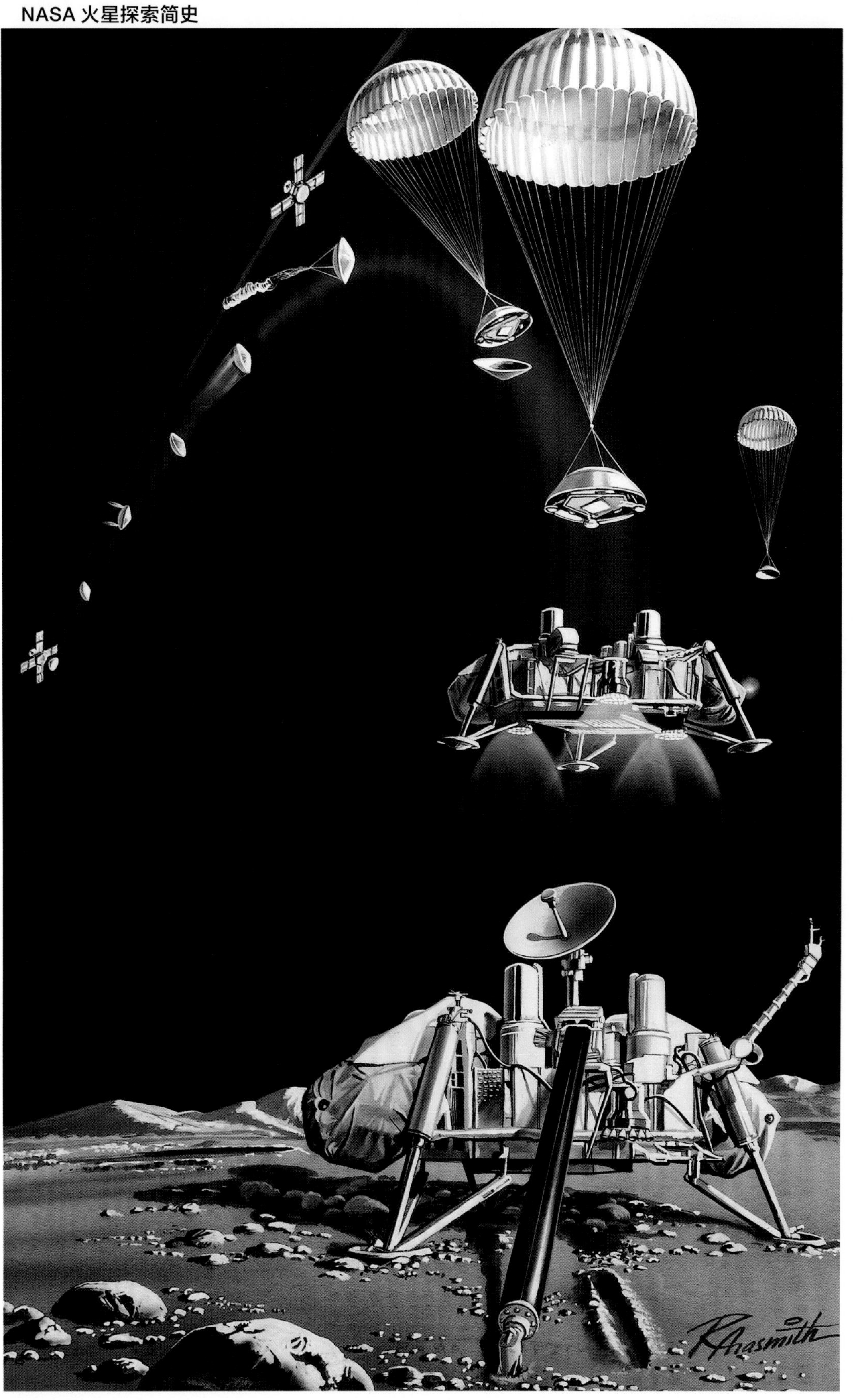

▲ “巡航模式” 中的 “海盗” 号探测器

上图是唐·戴维斯绘制的插画，画的是藏在一个保护性外壳内的“海盗”号探测器从轨道器中分离出来的场景。

► “海盗” 号探测器

右图是吉姆·布彻于 20 世纪 70 年代中期为 NASA 的宣传海报绘制的一幅插图，展示了使用可伸缩机械臂采集样品的“海盗”号探测器。

◄分步骤着陆

左图是罗斯·阿拉斯米斯绘制的“海盗”号探测器着陆过程的示意图。先投下一个能够承受进入火星大气层压力的外壳，然后展开降落伞。隔热板脱落，露出探测器，随后分离出探测器，再实施火箭动力着陆。

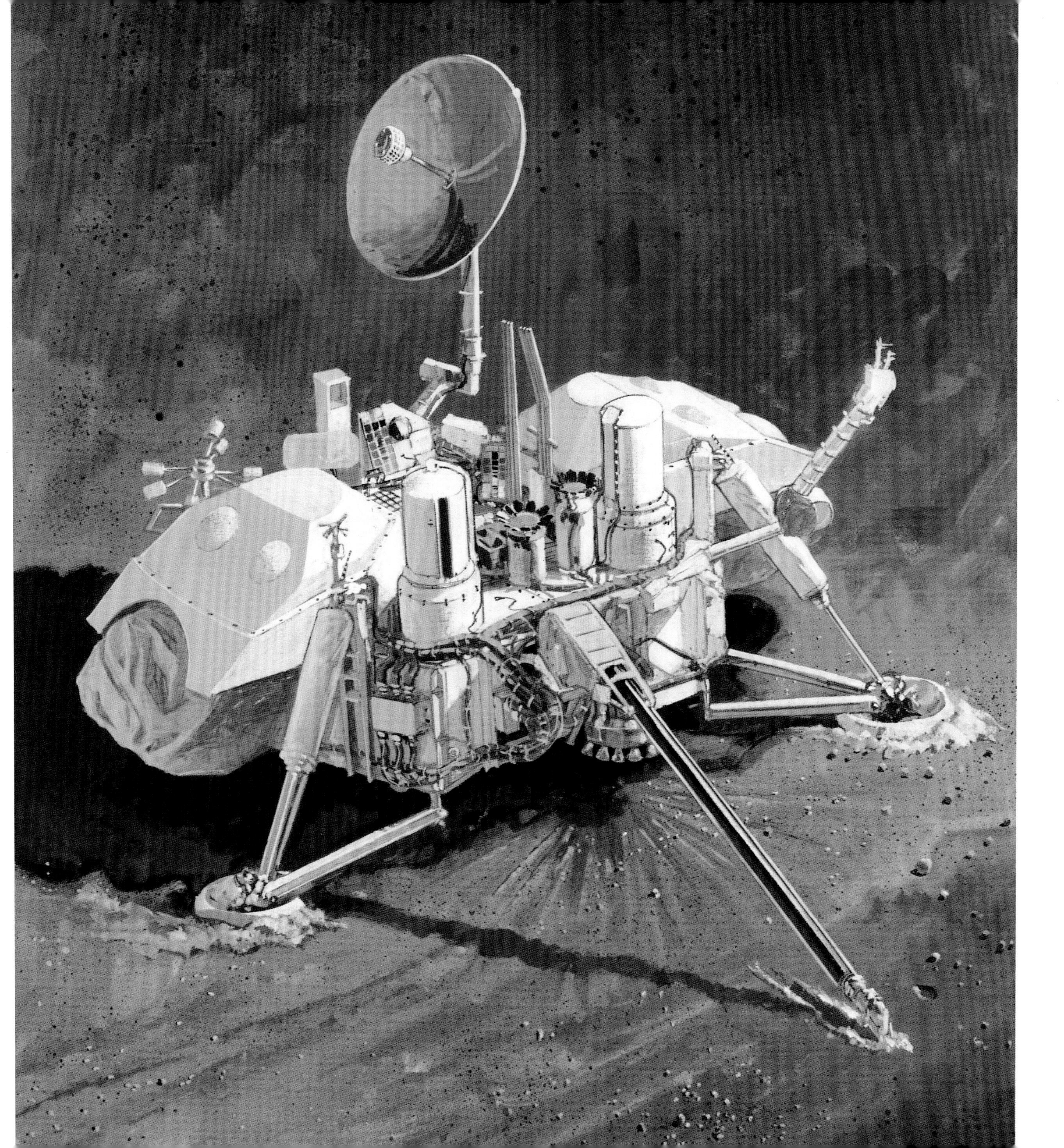

►鼓舞人心的卡尔·萨根

在加利福尼亚州死亡谷，行星科学家卡尔·萨根与“海盗”号着陆器的工程测试件合影留念。卡尔·萨根参与了两个火星着陆器着陆地点的选取工作。

▼多才多艺的工程师

查尔斯·贝内特是一名工程师，同时还是一位颇有成就的艺术家。下图就是他于1975年画的“海盗”号着陆器。

▲成功着陆的证明

上图为1976年7月20日“海盗”1号探测器在克律塞平原着陆后不久从火星表面发回来的照片，这是它拍摄的第一张照片，也是有史以来的第一张火星表面照片。

▼火星表面的全景照片

“海盗”号探测器的双摄像头是可以旋转的，便于它们观察着陆点附近的景象。下面两幅图中第二幅展示的是探测器着陆点附近的一片沙丘，看起来和地球沙漠中的沙丘非常相似，图中还拍到了“海盗”1号卫星气象组件的一部分，它支撑着一个迷你气象站。

今天，我们终于触碰到火星了。从此，火星有了生物活动的痕迹，这种生物就是我们人类。机器人是我们肉体的延伸。今天，机器人代表我们触碰到了火星，它是我们眼睛的延伸，也是我们思想的延伸。这是我们人类一直梦寐以求的场景：我们终于到达火星表面了，我们现在是火星生命了！

——雷·布拉德伯里，1976年7月20日

▶生物实验箱

NASA 在 1976 年的新闻发布会上展示了“海盗”号着陆器上精巧而紧凑的生物实验箱（如右图所示），这个系统的大小和房车上常见的 12 伏蓄电池的大小接近。

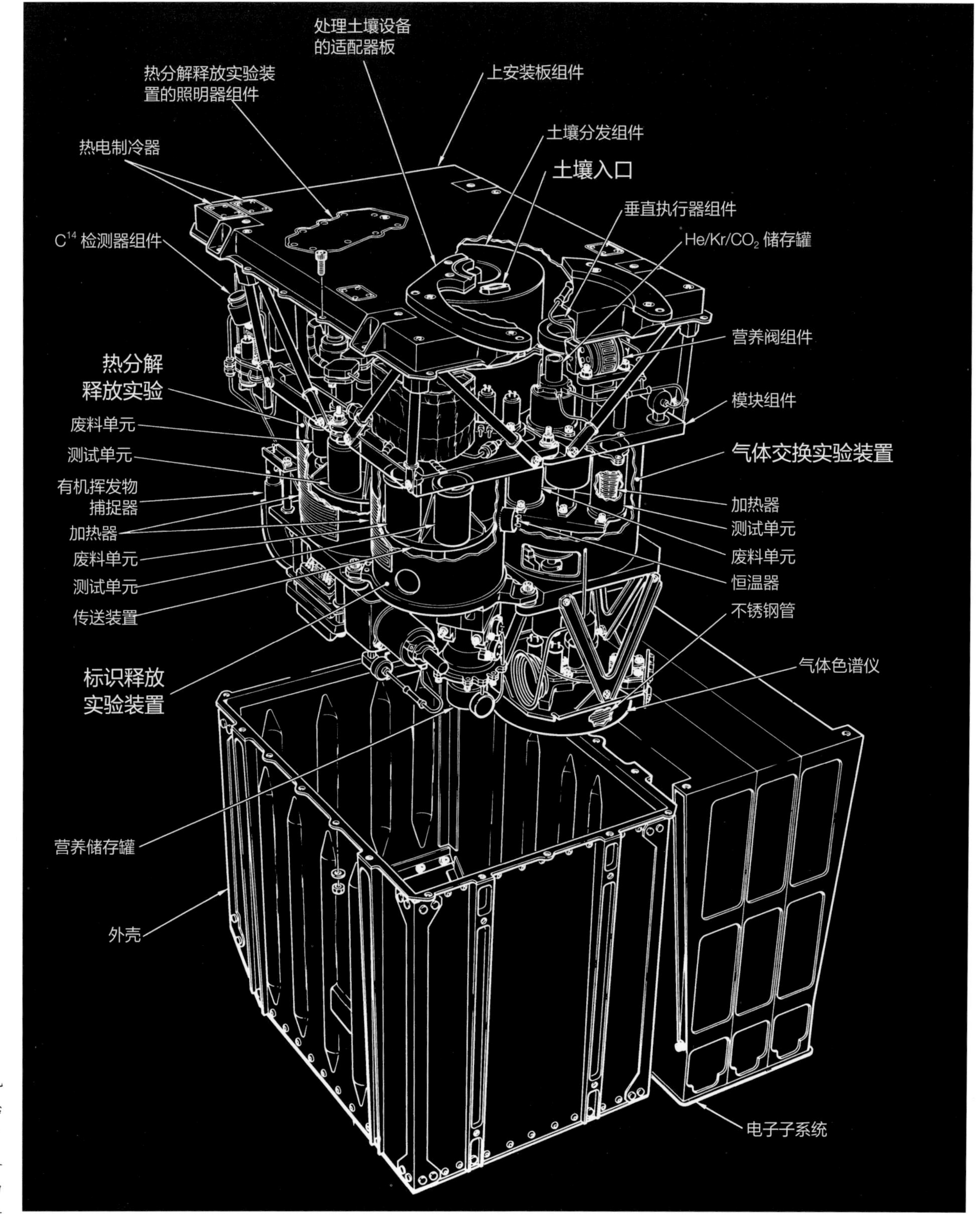

◀ “真实” 的天空?

左图是根据“海盗”号探测器携带的相机传回的数据彩色渲染的图像。第一次初始图像显示火星天空是蓝色的。NASA 花了一段时间重新校准，才得到火星景色的“真实”版本。黄昏时天空可能呈蓝色，但由于火星表面一直有悬浮在空中的灰尘，所以白天通常是像奶油糖果一样的红棕色。和地球类似，火星天空的颜色也受季节和时间的影响。

3

机器人探险家

寻找存活的生命或生命存在过的痕迹

◀**花费 30 亿美元的火星车任务**

由一位艺术家使用计算机绘图软件绘制的“火星 2020”任务的“毅力”号火星车，图中的前景是“机智”号无人直升机。

1997年7月4日，一个棕色的球状充气“安全气囊”从火星天空降落，在阿瑞斯峡谷的地表反复弹跳了15次，最终停了下来。在这个安全气囊体内的正是“火星探路者”号，这是NASA在时隔20多年之后首次重返火星。

随后，安全气囊逐一放气。被包裹在气囊簇内部的小金字塔状的“火星探路者”号着陆器显露出来。“火星探路者”号的3个三角形面逐渐展开，也揭开了3块三角形太阳能电池板的面纱，绑在其中一块电池板上的就是那辆只有微波炉大小、六轮的“旅居者”号（Sojourner）火星车。为了给火星车命名，NASA专门组织了征名比赛，来自康涅狄格州布里奇波特的12岁女孩瓦莱丽·安布罗伊斯的方案是“旅居者”，她说这是为了纪念著名的索杰纳·特鲁斯（Sojourner Truth），最终她赢得了此次比赛。

火星任务的负责人唐娜·雪莉经过争取，得以在“火星探路者”号着陆器上增加她的火星车。“我知道‘旅居者’号会吸引很多人的兴趣，因为它太可爱了，”她告诉NASA的历史学家，“我们想让科学家们相信他们需要一辆火星车，所以我们抓住每一个登上媒体的机会。我还将火星车称作‘她’。而团队成员大多是男性，免不了有些人会对此表示不满。”

“旅居者”号的一位“司机”布莱恩·库珀说：“这台机器聪明伶俐，超出了我们的预期，但仍然有可能会变得难以操控。火星上夜间的温度非常低，火星车无法开展工作，只能暂时休眠。每天早上，我们必须在太阳升起之前用内部电池储存的一点能量将其唤醒，之后我们可以利用其顶上的太阳能电池板来产生能量。”

当然，由于地球和火星之间存在无线电时差，通过遥控来实时驾驶是不可能的。因此采用的操作模式是：先将一系列通用指令发送给火星车，再由它自己执行。“旅居者”号的微型立体相机和激光测距仪的数据传回到地球的立体目镜上，然后佩戴立体目镜的控制者控制火星车沿安全路线行进。

全球媒体都为“火星探路者”号欢呼，好像这是NASA第一次到达火星似的。《时代》杂志为此发了特刊，封面就是“火星探路者”号从火星表面传回的第一张彩色照片，各主要报纸的头版也都转载了这张照片。NASA的官网在4周内被“点击”了5亿次，创造了新的互联网纪录。可惜火星探索领域最知名的天文学家卡尔·萨根却无法分享这一喜悦。他于1996年12月去世，享年62岁。“火星探路者”号抵达火星后，NASA立即宣布其着陆地点将被命名为“萨根纪念站”。

虽然“火星探路者”号的科学成果并不算多，意义却十分重大。它在阿瑞斯峡谷发现了古代洪水存在过的证据，比如光滑的鹅卵石、沉积层和似乎是被湍急的水流移动后位置排列整齐的岩石。NASA原本预计“火星探路者”号的“技术验证”任务持续一周到一个月后就会由于“火星探路者”号电力耗尽而结束，实际上“旅居者”号和“火星探路者”号却坚持了近3个月。这个项目的全部成本大约是3亿美元，仅比一部好莱坞大片的制作成本略高一点。

迈克·马林的特写

1996年11月7日，“火星全球勘探者”号探测器由德尔塔2型火箭搭载升空，携带了大量与1993年失联的“火星观察者”号上的仪器相似的仪器。特别值得一提的是，摄像系统由迈克·马林设计，他是一位成像专家，多年来一直坚信利用新的摄影技术在卫星轨道上发现的东西会比早期的“水手”号任务发现的要多得多，毕竟“水手”号上的20世纪60年代的摄像系统只能分辨出直径约0.5千米的细节。

说来有些令人难以置信，当时NASA有那么一两位著名科学家认为，已成功的7次“水手”号任务已告诉了我们关于火星地理的全部知识。但马林设计的新摄像系统可以识别出火星表面上汽车大小的细节。“火星全球勘探者”号探测器和“旅居者”号火星车传回的照片让我们对这颗行星的认知发生了革命性的变化。“火星全球勘探者”号探测器还携带了精密雷达高度计和其他设备，可以和摄像机联合开展详细的测绘工作。光谱仪和热成像系统用来寻找火星地表表层以下的水。这个航天器还搭载了一个名为“火星中继”的子系统，它是一种可以支持未来着陆器任务的通信设备。“火星全球勘探者”号持续工作了 10 年，直到一个软件命令意外地将它切换到“安全模式”后再也无法恢复。毋庸置疑，这次任务是非常成功的。

最后一次“更快、更好、更便宜”的任务，是耗资 1.25 亿美元的“火星气候轨道器”，但它 1999 年 9 月未能到达火星轨道，原因居然是导航软件中的公制和英制单位混乱导致的一个错误。在匆忙上马的花费较低的任务和政治上“大而不能倒”的大型项目之间，必须有一个可行的折中方案。等待批准的项目方案包括 10 亿美元的“火星探测漫游者”项目，这是比之前已经试验过的“火星探路者”号任务更大、更雄心勃勃的一次任务。

“勇气”号与“机遇”号

“火星探测漫游者”项目中的第一辆火星车被命名为“勇气”号，装备了一个比“火星探路者”号更大的安全气囊系统。2004 年 1 月 4 日，“勇气”号弹跳落地后落到了古谢夫陨击坑上。古谢夫陨击坑位于火星赤道稍南，是大约 35 亿年前被小行星撞击出的一个坑。马阿迪姆峡谷是火星上一条重要的由水蚀刻形成的河道，它穿过了古谢夫陨击坑的南侧，这也表明古谢夫陨击坑在历史上的某个时期曾经充满了水。古谢夫陨击坑直径为 166 千米，坑内分布着很多较小的坑，可能都是在古代的水干涸后形成的。“勇气”号还在古谢夫陨击坑内部发现了火山岩，而不是我们预期的古代湖床的分层沉积物。这些火山岩可能是在火星表面的水消失后，由于行星剧变沉积下来的。

“勇气”号以每天平均大约 91 米的速度在陨击坑里行驶了两个月，到达了古谢夫陨击坑内 91 米高的哥伦比亚山。在那里，它发现了火星曾经存在地热活动的证据，即找到了从地下深处喷出过温度超过沸点的过热水的喷口，这些过热水是哥伦比亚山矿物形成的原因。地球海洋底部类似的喷口可能是地球生命诞生的地方，所以火星上的这些喷口无疑是一个令人兴奋的发现。

2006 年 3 月，“勇气”号的右前轮被卡住了。“勇气”号在其剩余的任务时间里拖着车轮一瘸一拐地向后走。不过这也带来了一些好处，这样的行进方式导致车轮在它经过的火星地面上挖出了一条浅沟，露出了地表下面的土壤。2009 年 5 月，“勇气”号又遭遇了一个无法挣脱的困境。它被困在细沙中，倾斜的角度非常不巧，导致阳光无法照射到它的太阳能电池板。由于无法充电，“勇气”号在火星表面活动 6 年、行驶长达 8 千米后停止了运行。任务负责人约翰·卡拉斯向记者表示：“我们对这些火星车已经产生了强烈的感情。我们不得不向‘勇气’号告别，这让我们感到很难过。但我们也必须记住这辆火星车运行了很长时间，取得了巨大的成就。”

“勇气”号的孪生兄弟“机遇”号于 2004 年 1 月 24 日降落在伊格尔陨击坑的内侧边缘附近，伊格尔陨击坑是子午平原上的一个小陨击坑，之前“火星全球勘探者”号上的热成像光谱仪在该地区发现了高浓度的赤铁矿。在地球上，这种氧化铁矿物通常是在液态水存在的环境下形成的，尤其是在温泉附近。“机遇”号在对火星地形的详细勘测中还发现了无数“球状”赤铁矿，每个都像蓝莓大小。似乎古代的水在形成这些光滑小石块的过程中发挥了一定的作用。围绕这一发现的疑问非常多。例如，在地球上，这类球体的大小各不相同，从几乎看不见的颗粒大小到棒球大小，但“机遇”号看到的火星球体中没有一个比蓝莓大。这是否表明火星上只在有限的一段时间内存在流水？

“机遇”号在测量伊格尔陨击坑附近露出地面的岩石的化学成分时，发现了氯和溴（还有一些其他元素），这与地球上的盐水蒸发很久后的环境一致。“机遇”号着陆两个月后，“火星探测漫游者”项目首席科学家史蒂夫·斯奎尔斯宣布：“子午平原的岩石曾经有水慢慢渗入，水以我们观察到的独特方式改变了子午平原小片区域的化学成分和质地。我们发现了强有力的证据，证明这些岩石是在液态水中沉积的。”

在子午平原上，“机遇”号还发现了黄钾铁矾，这是一种黄褐色矿物，由硫、铁、钾、氢和氧组成。黄钾铁矾在地球上通常与制造锌的过程中产生的不受欢迎的工业副产品有关，但在南极取样的深冰芯中也发现了天然黄钾铁矾。火星上的黄钾铁矾可能是由被困在远古冰层中的矿物尘埃形成的，因此在火星上发现这种矿物是火星上曾经存在液态水的又一有力证据。

2011 年 8 月，“机遇”号到达了因代沃陨击坑，这是一个直径为 21 千米的陨击坑。当火星车沿着平原向南行驶时，一块露出地面的岩石引起了科学家们的注意。很久之前，火星被陨石撞击产生陨击坑，更底层的岩石地貌就露了出来，马蒂耶维奇山就是这样形成的几种地貌之一。“机遇”号机缘巧合之下对陨击坑形成之前早就存在的岩石进行取样。马蒂耶维奇山的地面土壤中含有一种黏土，这种黏土只能在非酸性水（我们都熟悉的饮用水）的环境中形成。

2011 年 12 月，“机遇”号在因代沃陨击坑西侧的岩石中发现了狭窄的石膏缝（或“矿脉”）。检测结果证实，这些矿脉中含有钙、硫、氢和水，就像地球上的石膏一样——一种在水流过岩石裂缝时形成的矿物。斯奎尔斯说：“这是板上钉钉的证据，证明水从地下裂缝中流过。”

“机遇”号在 2005 年 5 月曾被困在它自己刨出的沙坑里，当时它正要前往埃雷布斯陨击坑（特拉诺瓦陨击坑内的一个小坑）。任务控制员花了差不多一个月的时间来解救火星车，利用在地球上的备份件找到了解决方案。“机遇”号在 6 月 6 日逃离了沙坑，在那之后又一直工作了 13 年，直到 2018 年年中，一场持续两个月的沙尘暴遮住了阳光，“机遇”号的电池无法充电。同年 6 月 10 日，任务控制员与“机遇”号失去了无线电联系。2019 年 2 月，NASA 宣布，经过 14 年的漫长跋涉和 45 千米的行驶距离，这项任务圆满结束。参与“机遇”号任务的科学家阿比盖尔·弗雷曼当时说：“这是一项历史性的任务，需要一场历史性的沙尘暴才能终结。”

更大、更好、风险更大

“火星科学实验室”号（又名“好奇”号）火星车，于 2011 年 11 月 26 日发射，并于次年 8 月 6 日在火星表面着陆。这辆足有汽车大小的火星车装载着众多科学仪器：17 台摄像机、一只机械臂、一台用于蒸发岩石样品的激光器和一台样品钻。“好奇”号采用放射性同位素电源系统，与“勇气”号、“机遇”号和“火星探路者”号使用的太阳能电池板相比，“好奇”号的电源系统保证了更长的供电时间和更稳定的电源供应。

携带这么多设备是有代价的，不仅要花费更多资金（这是一个 25 亿美元的项目），更大的质量也会带来很多困难。安全气囊无法让这么重的机器着陆。因此取而代之的是，一种被称为“空中吊车”的火箭动力降落飞行器派上了用场，它用长长的电缆将“好奇”号稳稳地放在火星地面上，然后，电缆断开，它按计划飞到一个位于安全距离外的地点。2012 年 6 月，参与“好奇”号火星车研制的工程师汤姆·里维利尼向大家详细介绍了放下火星车所面临的挑战究竟有多大。“进入、降落和着陆，这个过程被称为恐怖七分钟，因为我们从火星大气层顶部到达火星表面的时间总共只有七分钟，必须要有完美的顺序、完美的编排、完美的时机，速度才能从每小时 20921 千米下降到零。而计算机必须在没有地球地面帮助的情况下独自完成这一切。如果有任何一件事情做得不好，游戏就结束了。这是巨大的挑战，但我们成功了！”

“好奇”号发现古代火星确实有适合微生物生存的化学物质，以及曾有过大量的液态水。它在“黄刀湾”的岩石样品中发现了硫、氮、氧、磷和碳这些用于形成生命的关键成分（研究团队给这些岩石所在的火星地形起了“黄刀湾”这样的绰号）。样品还包含了其他黏土矿物——这是证明水曾经流过那里的另一个证据，水流剥蚀岩石上沉积的黏土，并将这些颗粒带到新的地方，再将它们和其他各种岩石颗粒混合，形成了泥质沉积物后沉积下来。多种多样的岩石颗粒，在为我们讲述着漫长岁月里生命与矿物可能存在的相互作用的故事。

在“黄刀湾”，“好奇”号探测到微量的碳链分子，如氯苯和各种二氯烷烃。这些化合物还不能作为火星上有生命的直接证据，无论是过去的生命还是现在的生命；但它们确实可以作为间接证据，引领我们在未来的任务中更深入地研究火星化学。这些复杂的有机分子是在附近裸露的一块“泥岩”（本质上是一块非常干燥的黏土）中发现的，这表明在太阳强光无法到达的火星表层下面，可能有更高浓度的有机分子。

NASA 的轨道器的实测数据证实了火星曾经有过水。2002 年，NASA 的火星探测器“火星奥德赛”号携带的光谱仪分析出火星地表土壤中的 20 多种元素，包括氢元素。2006 年，NASA 装备精良的“火星勘测轨道器”确认了火星上厚厚的沉积物为水冻成的冰，这些冰分布广泛，覆盖了火星表面的三分之一。而且目前发现至少在 8 个地区，冰就在火星表面的红色土壤下一铲深的地方。陡峭的斜坡（悬崖）已经被侵蚀，露出了冰层，这证明了火星上的水冰的储量很大。未来，登陆火星的人类探险队可以利用这些水冰。2008 年，NASA 的“凤凰”号着陆器在火星表面挖了几下，看到冰暴露出来，证实了火星上存在埋藏的水冰。

“毅力”号火星车在耶泽罗三角洲

比“好奇”号稍重一点的表亲——价值 30 亿美元的“火星 2020”任务中的“毅力”号火星车于 2020 年 7 月 30 日发射升空，并于次年 2 月 18 日使用另一辆“空中吊车”在火星耶泽罗陨击坑着陆。在这辆火星车上更先进的有效载荷中，有一个像篮球运动员那么高的可以伸展的机械臂，机械臂上配备了一套昂贵的科研仪器、摄像机和传感器，用于搜寻过去的生命痕迹；还有一个岩石取芯系统，其任务是收集样品，将样品密封在小容器中，然后把带有样品的容器留在火星地面上，以便未来的样品返回任务将它们带回地球做更深入的研究。

耶泽罗陨击坑直径为 45 千米，位于火星赤道以北的伊希斯平原的西部边缘。陨击坑西侧的边沿被一个如今早已干涸的河流冲击三角洲的残余物破开了一个缺口，大约在 30 亿年前，这条巨大的河流的河水可能填满了陨击坑，沉积物堵住了三角洲通往陨击坑的主要入口，最终形成了一个悬崖，悬崖中很可能保存着关于这些沉积物中曾经存在的东西的宝贵线索。在接下来的几个月里，“毅力”号火星车朝着这个诱人的目标前进，并寻找生命的迹象，无论是现在存活的生命还是曾经的生命留下的痕迹。

任务在最初几周内取得了巨大的成功。一架名为“机智”号的小型无人直升机从“毅力”号火星车的腹部飞出，伸出四条细长的腿在地上待了一会儿。与此同时，“毅力”号火星车也继续走了一小段距离，转动相机对“机智”号进行拍照。然后，“机智”号的转子系统达到惊人的 2400 转 / 分。2021 年 4 月 19 日，“机智”号飞到了火星的空中，在接下来的几个月里进行了十多次成功的试飞。每次飞行后，“机智”号都在全自动控制下安全返回地面，等待它小型但高效的太阳能电池板为发动机和机载电子设备充电，以备下一次起飞。“机智”号为未来的空中机器人系统铺平了道路，这将有助于为未来的火星车和载人登陆任务规划好安全路线。

同时，“毅力”号火星车克服了岩石钻探和取样系统最初的一些障碍，开始用火星岩石和土壤装满小金属圆筒。这些样品将被放置在火星上合适的位置，等待未来的样品返回任务。在不久的将来，另一辆火星车将收集这些管子，把它们装进一个小型火箭并送回地球，以便科学家们对这些样品开展各种只有在地球上的实验室里才能进行的科学研究。也许，到那时候我们就会知道火星上是否有生命了。

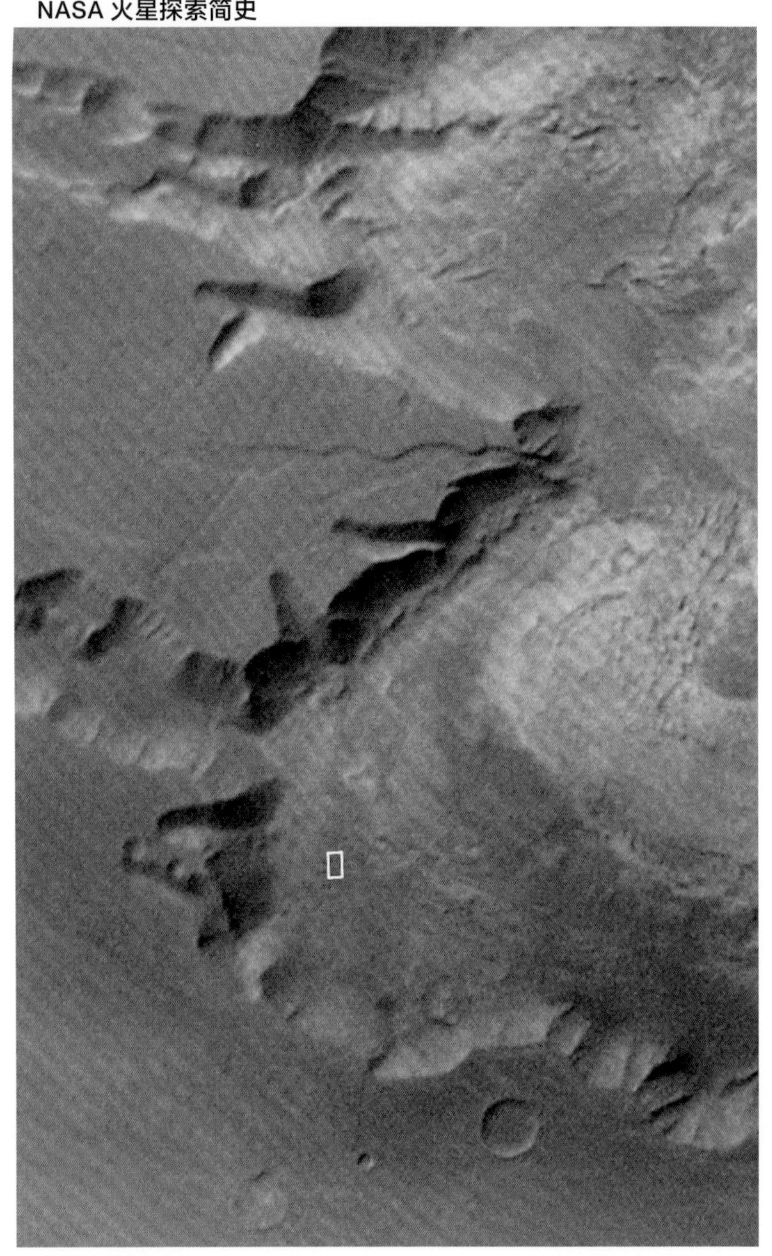

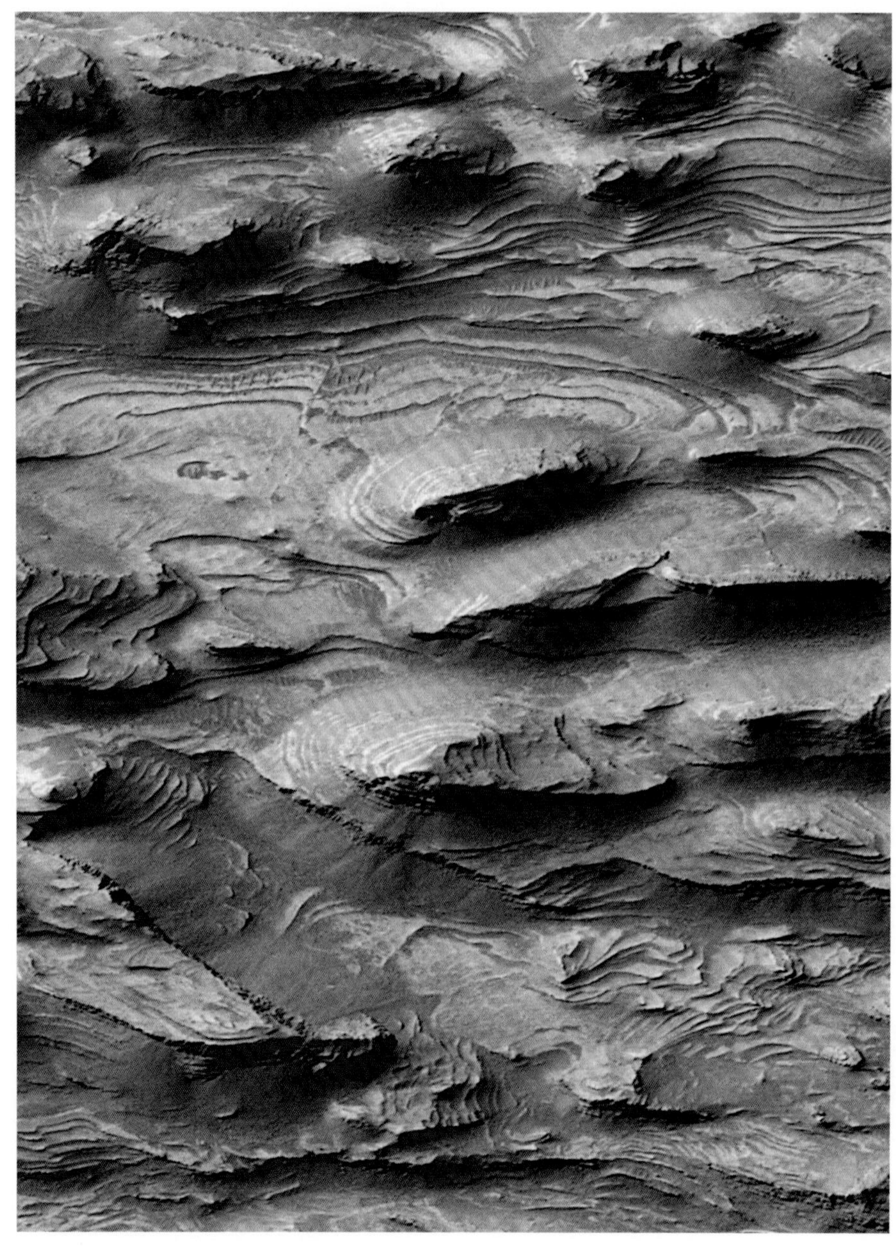

▲解决关键细节

20 世纪 70 年代末，NASA 的许多科学家认为，“海盗”号轨道器拍摄的照片，比如左上图这张水手号峡谷群坎多尔深谷地区的照片，已是人类能够拍到的最好的火星照片。科学家迈克·马林设计了一台高分辨率相机来证明 NASA 可以拍摄到更好的照片。左上图中的矩形划出了 1.5 千米长、3 千米宽的区域。2000 年 12 月，“火星全球勘探者”号上的马林太空系统相机拍到这一小块地形前所未有的细节（右上图），展示了复杂的沉积层的样貌。

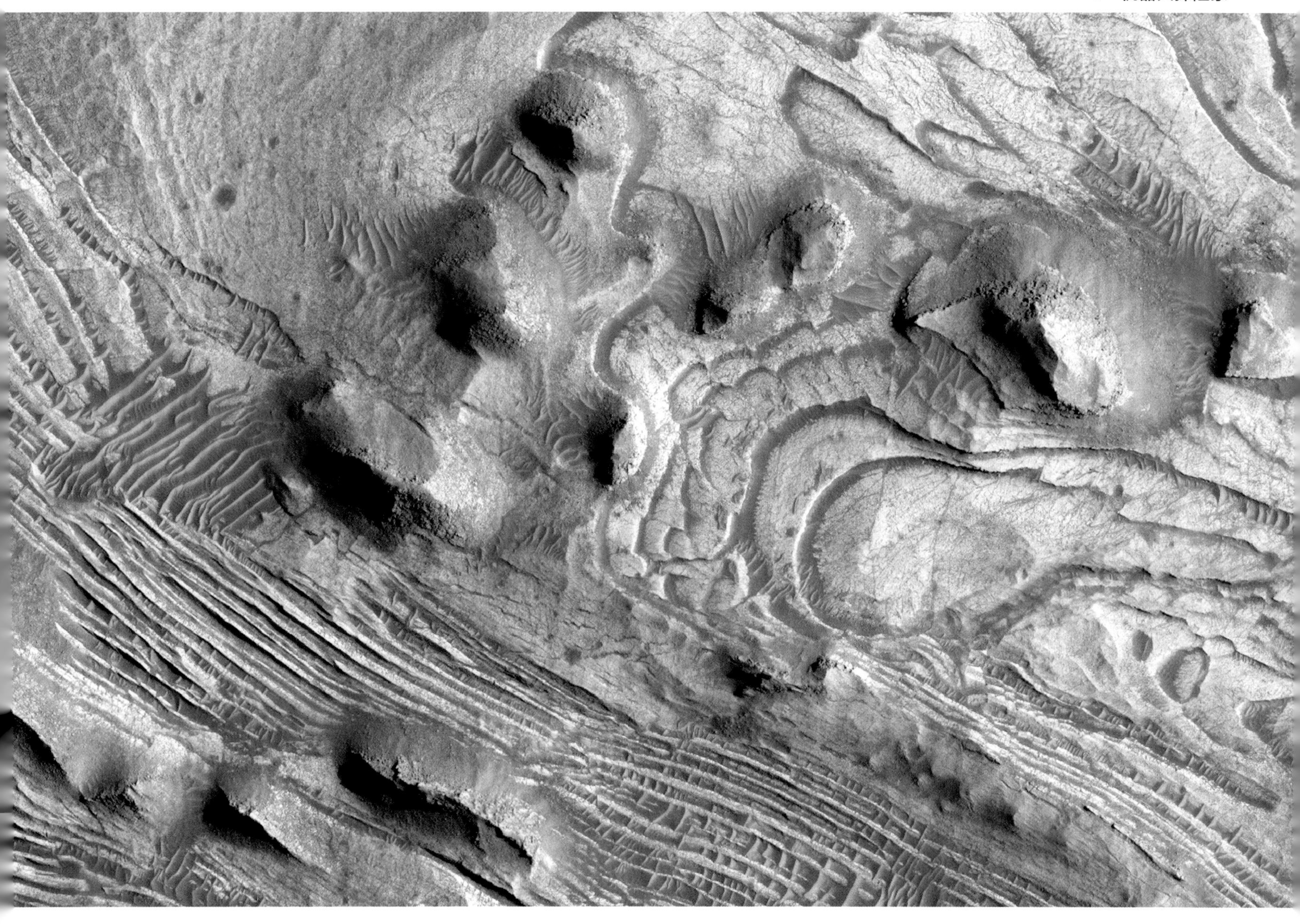

▲整齐的步伐

2007 年 4 月，“火星勘测轨道器” 在更低的轨道上观察坎多尔深谷。卫星上的高分辨率成像仪发现了多层浅色的沉积物质，可能是由水形成的。这些沉积物的每一层深度惊人地一致，这表明无论曾发生过什么类型的沉积过程，这一过程都是有规律的且经常发生的。

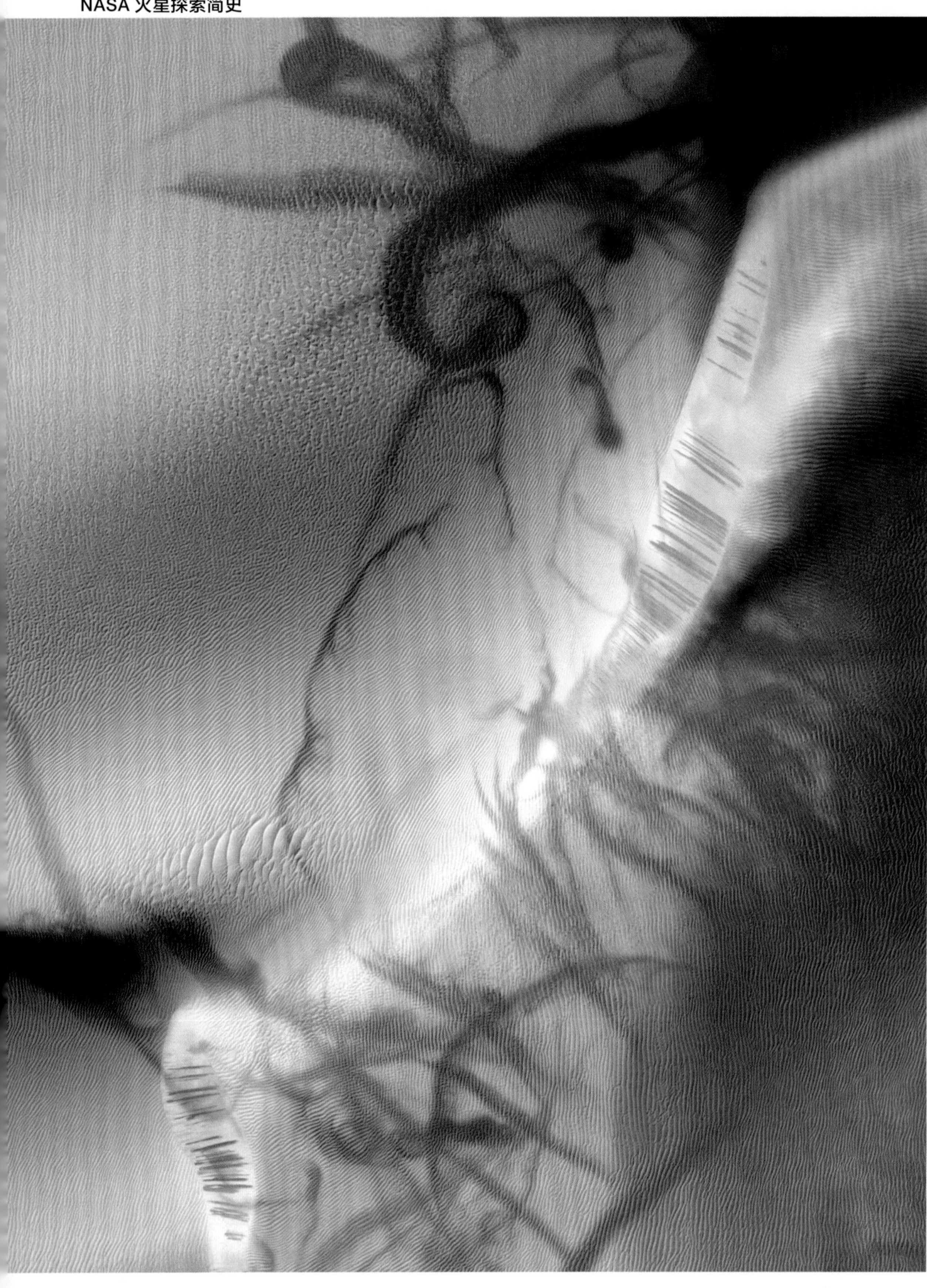

◀不停歇的风

左图为“火星勘测轨道器”对火星尼罗堑沟群地区沙丘的观测结果。在沙丘表面盘旋的暗线是“尘暴”的轨迹，旋风吹走沙丘表面浅色的灰尘，暴露出下面较暗的物质。

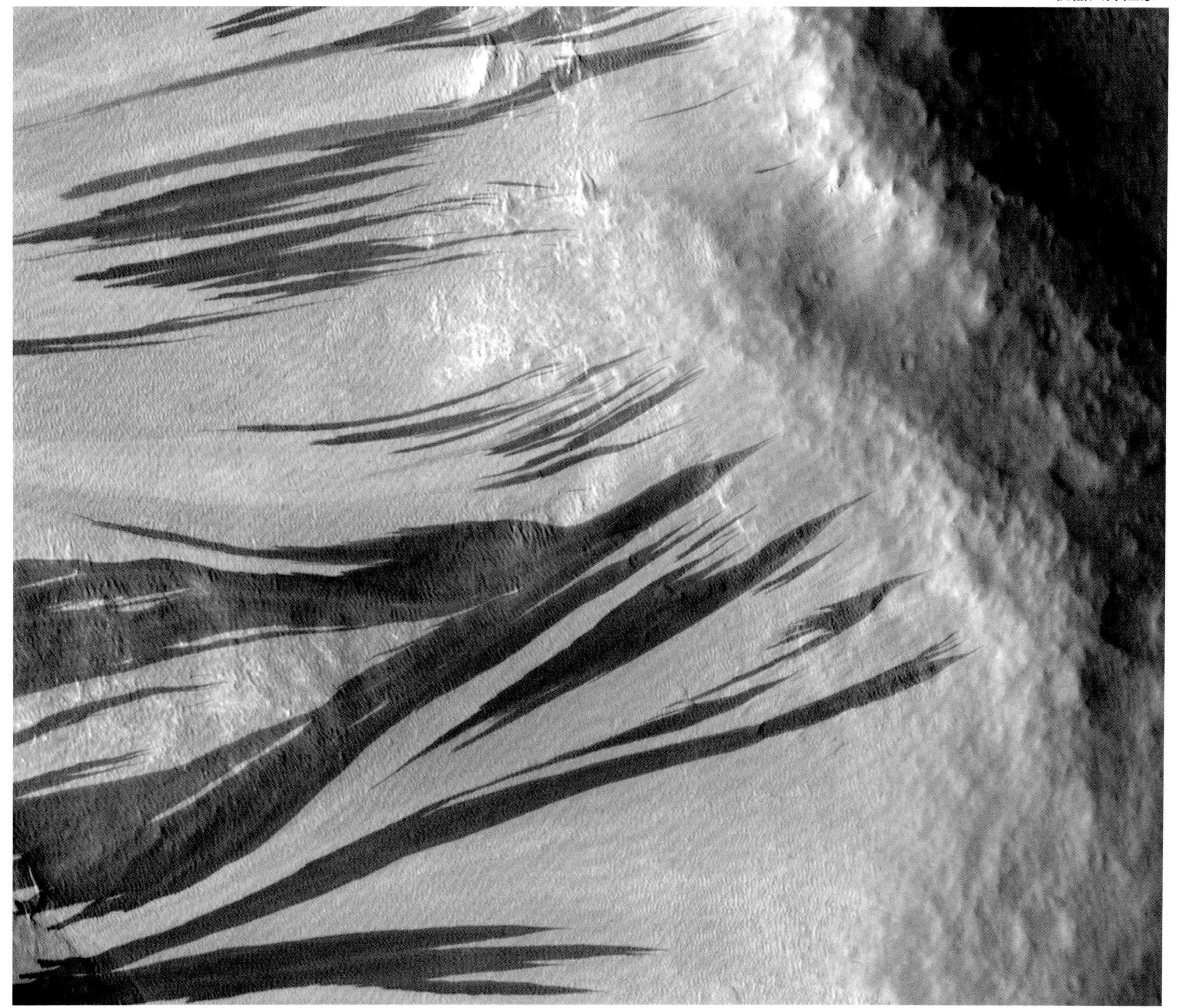

▲揭示阴影里的细节

上图是“火星勘测轨道器”观测到的阿刻戎堑沟群的壁上的黑色条纹，这个堑沟是一个长690千米的山谷。这些条纹可能是沙子从陡坡上滑下的留痕。沙子仿佛液体一样绕着巨石从周围流过去。

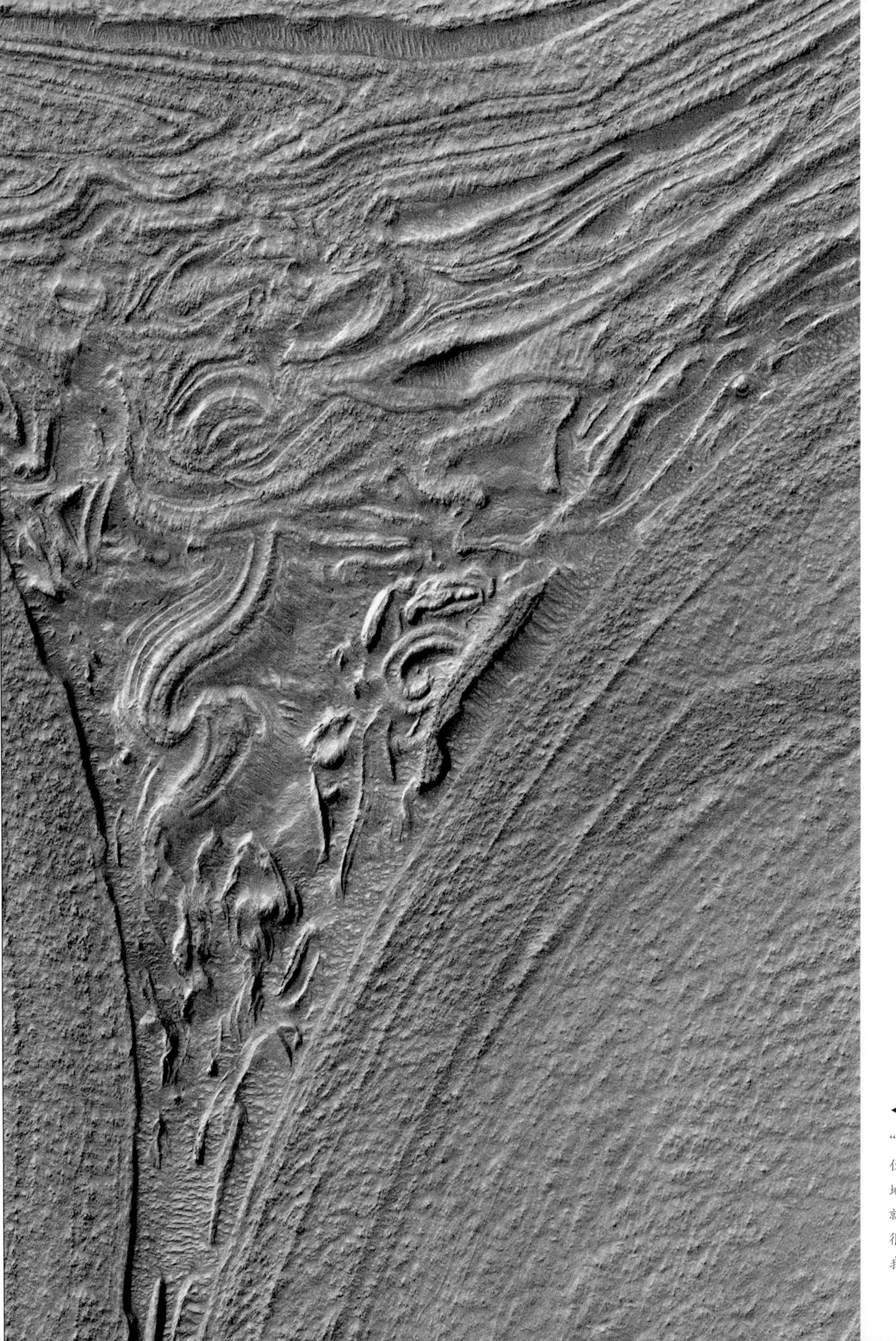

◄液态地形

“火星勘测轨道器”上搭载的高分辨率成像仪拍摄的图像显示了希腊盆地底部奇怪的地貌。物质似乎以黏性流体的方式流动，就像是冰川一样。黏性流动特征在火星上很常见，但希腊盆地的流动方式与众不同，我们还不能理解其中原因。

►神秘的层次结构

在斯齐亚帕雷利陨击坑内，有一个较小的陨击坑，大小与亚利桑那州的陨击坑差不多，有阶梯状的沉积物质层次结构。同心图案可能是各层以不同速率被侵蚀的结果，但我们目前不能确定。

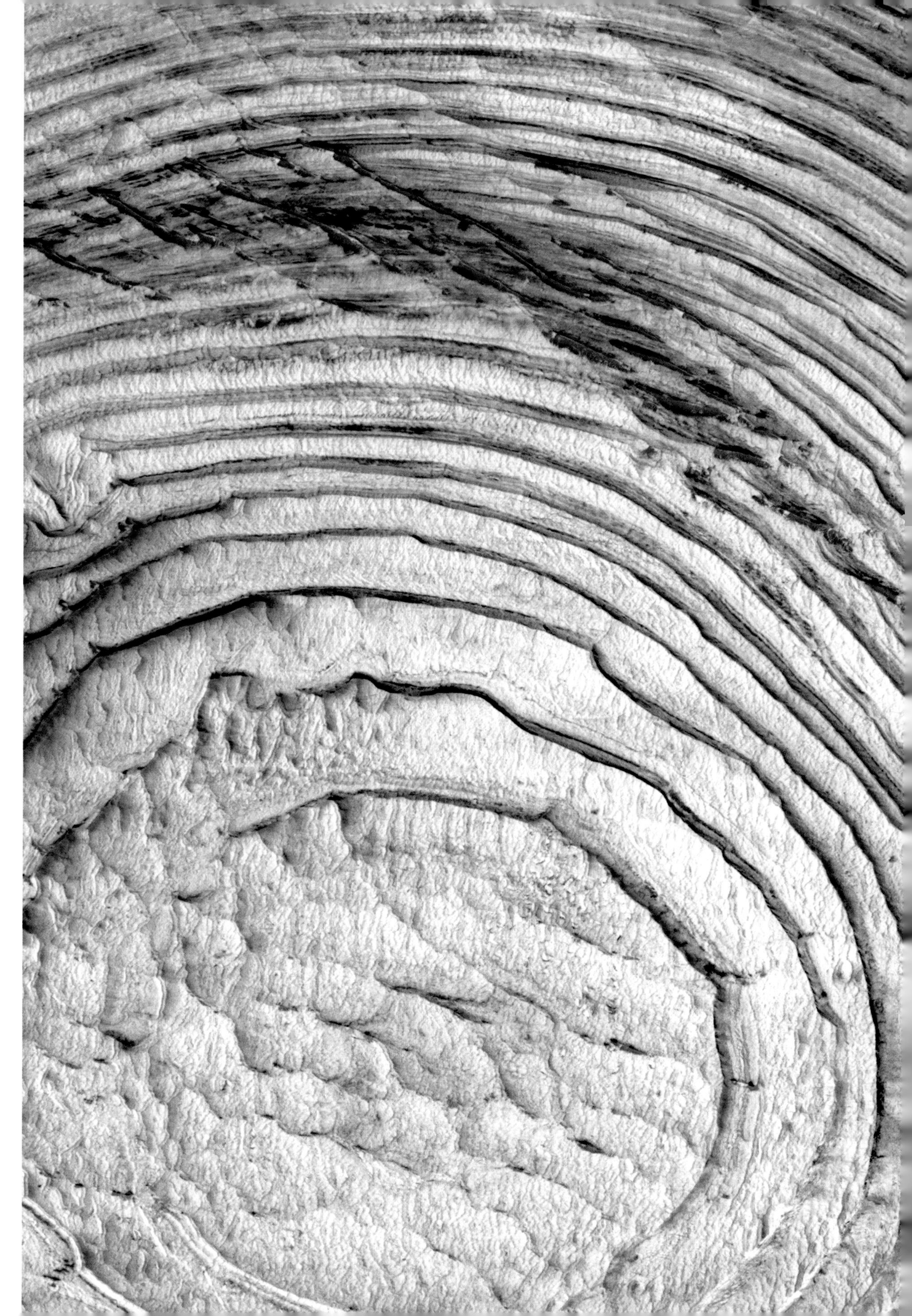

▲沙丘中的黏土

“火星勘测轨道器”对诺克提斯沟网区域的观测表明，该地区存在含铁硫酸盐和黏土矿物。风吹来的灰尘形成了美丽的沙丘。

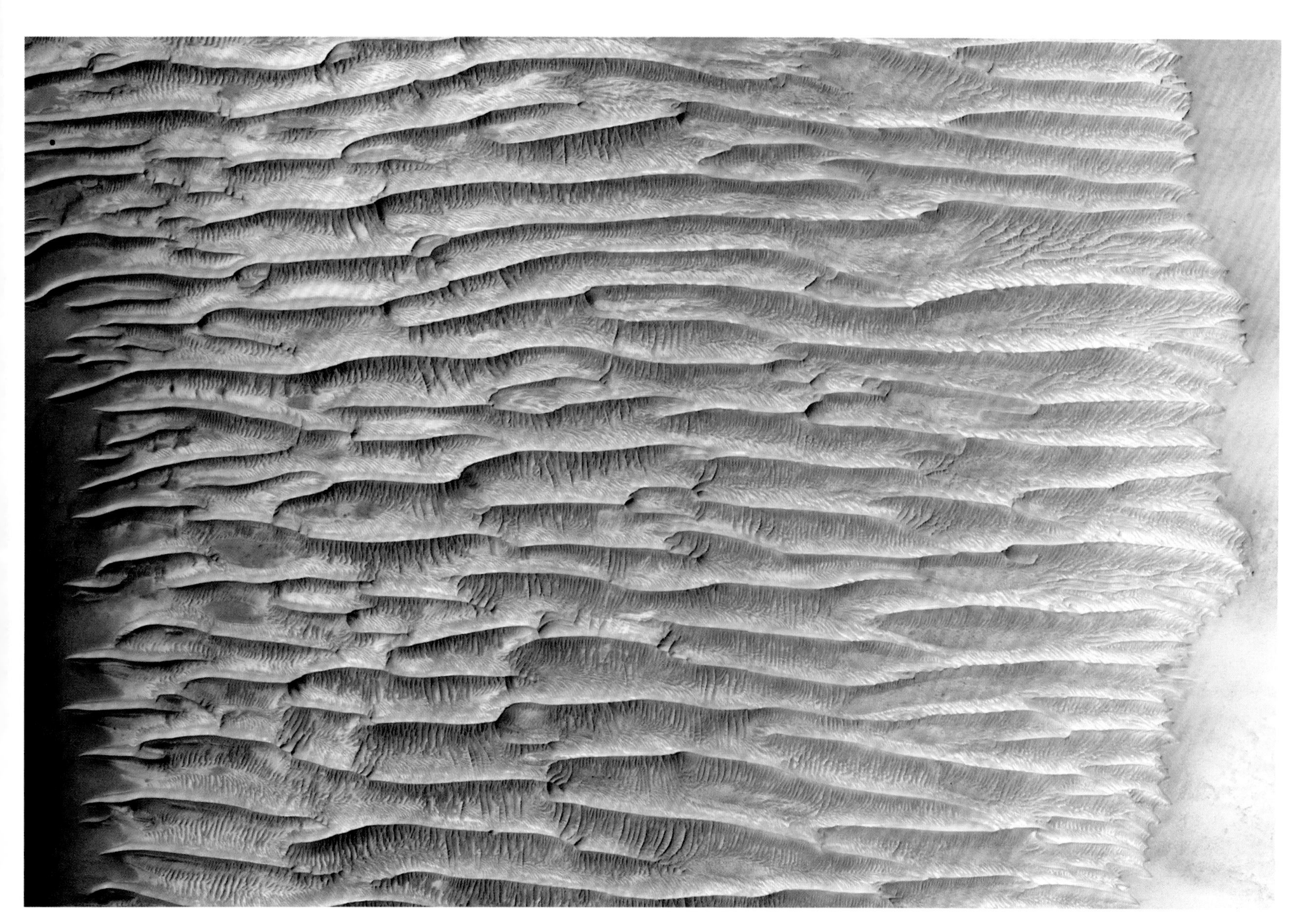

▲雕刻美景

火星上的许多地方都有复杂的沙丘图案。科学家们一直想搞清楚是什么力量把沙丘雕刻成了这样的图案。

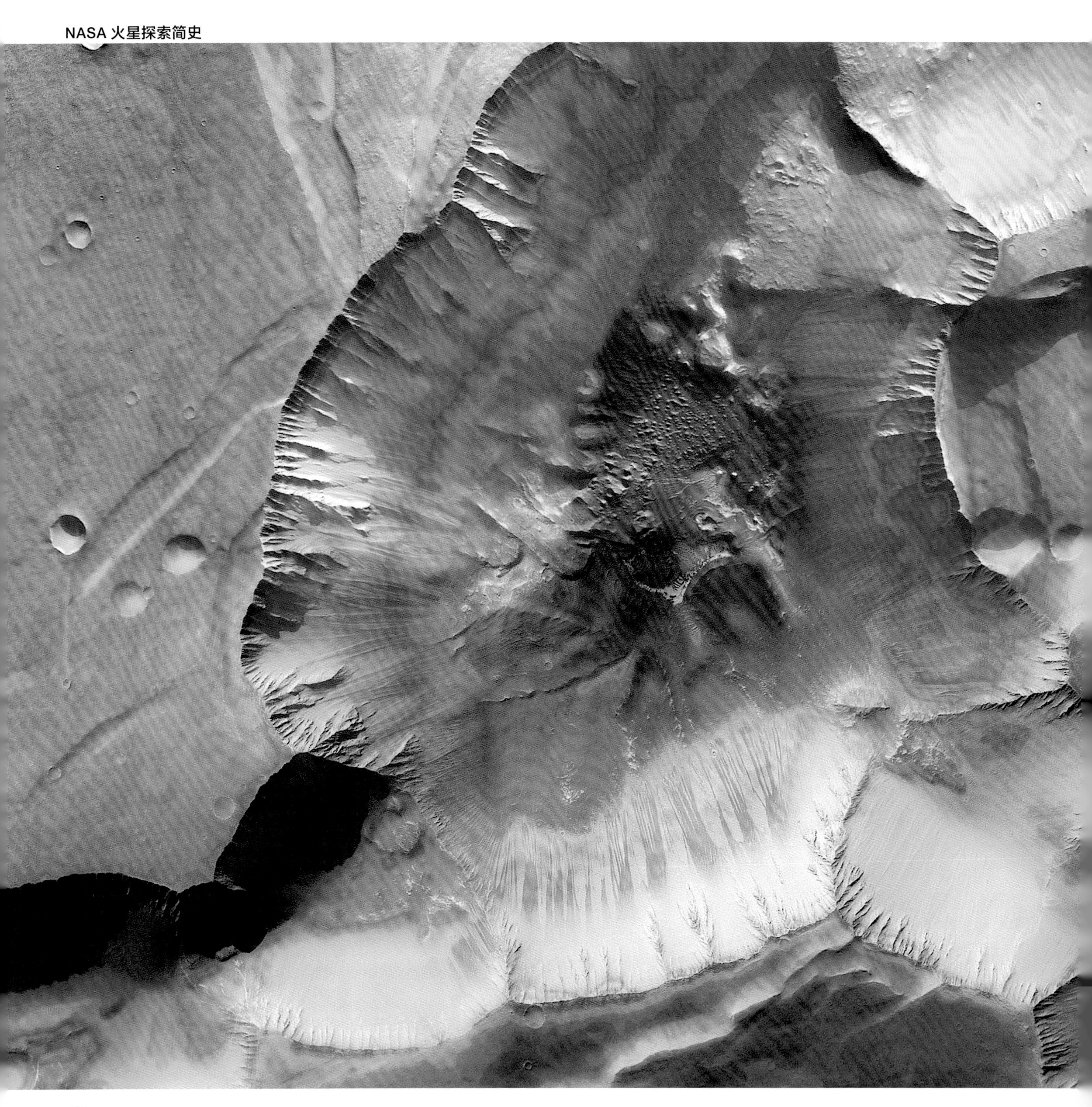

◀伪造的色彩揭示出了真相

一幅拼接而成的伪彩色图像展示了诺克提斯沟网的一个连接处（在水手号峡谷群和塔尔西斯高地之间）的景象，峡谷在这里交汇，形成一个4000米深的洼地。蓝色表示的是位于上表面的尘埃，暖色表示的是位于下面的岩石。这幅图像是由NASA的“火星奥德赛”号轨道器上携带的热发射成像系统仪器在2003年4月至2005年9月期间进行的多次扫描结果拼接而成的。

▼水冰储量丰富

2002年5月，NASA宣布：“‘火星奥德赛’号轨道器发现了火星地表下存在水冰的直接证据，它们的储量足以填满两个密歇根湖。”“火星奥德赛”号轨道器的伽马射线光谱仪检测到氢元素，表明土壤中存在冰（以蓝色表示）。

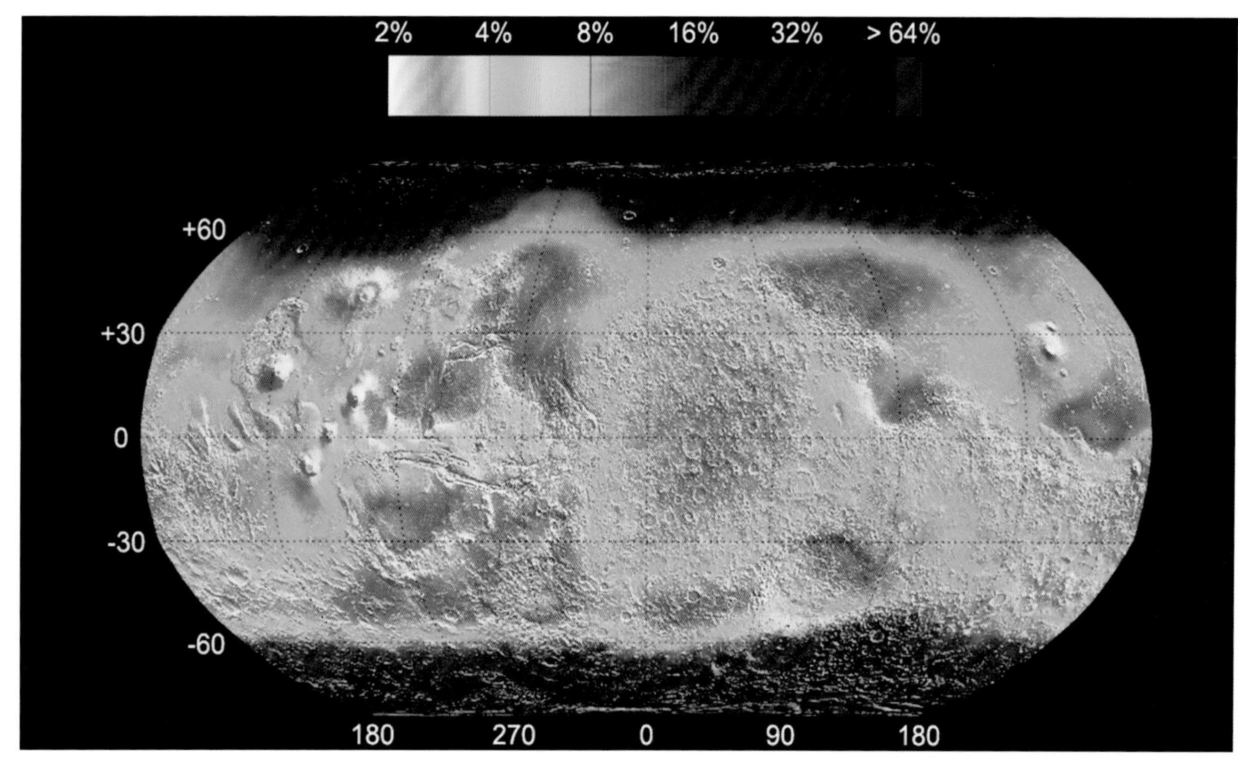

►历史的层次

下页的左图展示了火星北极附近的一条 560 千米的峡谷——北极深谷，它的形成过程可能与极地冰层冷却的气流有关。峡谷两侧的悬崖比峡谷底部的黑色沙丘高 1.6 千米，断层上露出几十层岩石和冰，就像一本讲述火星北极的冰冻历史的故事书。下页的右图为“火星勘测轨道器”上搭载的高分辨率成像仪拍摄的一张精细的北极深谷中的图像。浅棕色区域为尘埃层，灰色和蓝色区域分别表示水冰和二氧化碳冰。

▼火星上的咖啡

欧洲航天局的科学家将 2015 年“火星快车”轨道器拍摄的火星南极的景象描述为“卡布奇诺、巧克力和奶油组成的旋涡”，这种景象是由霜、冰和灰尘的复杂混合产生的。

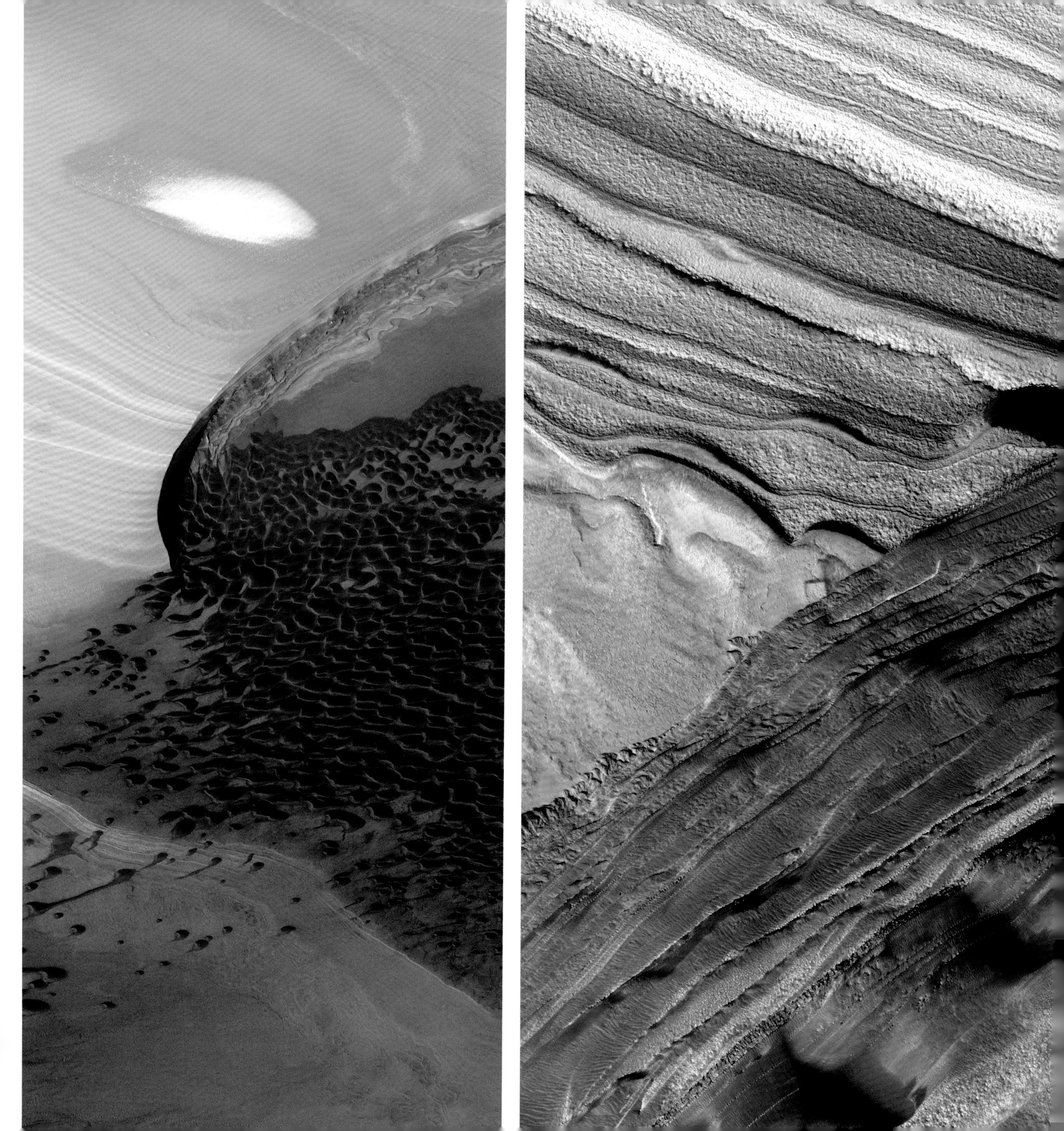

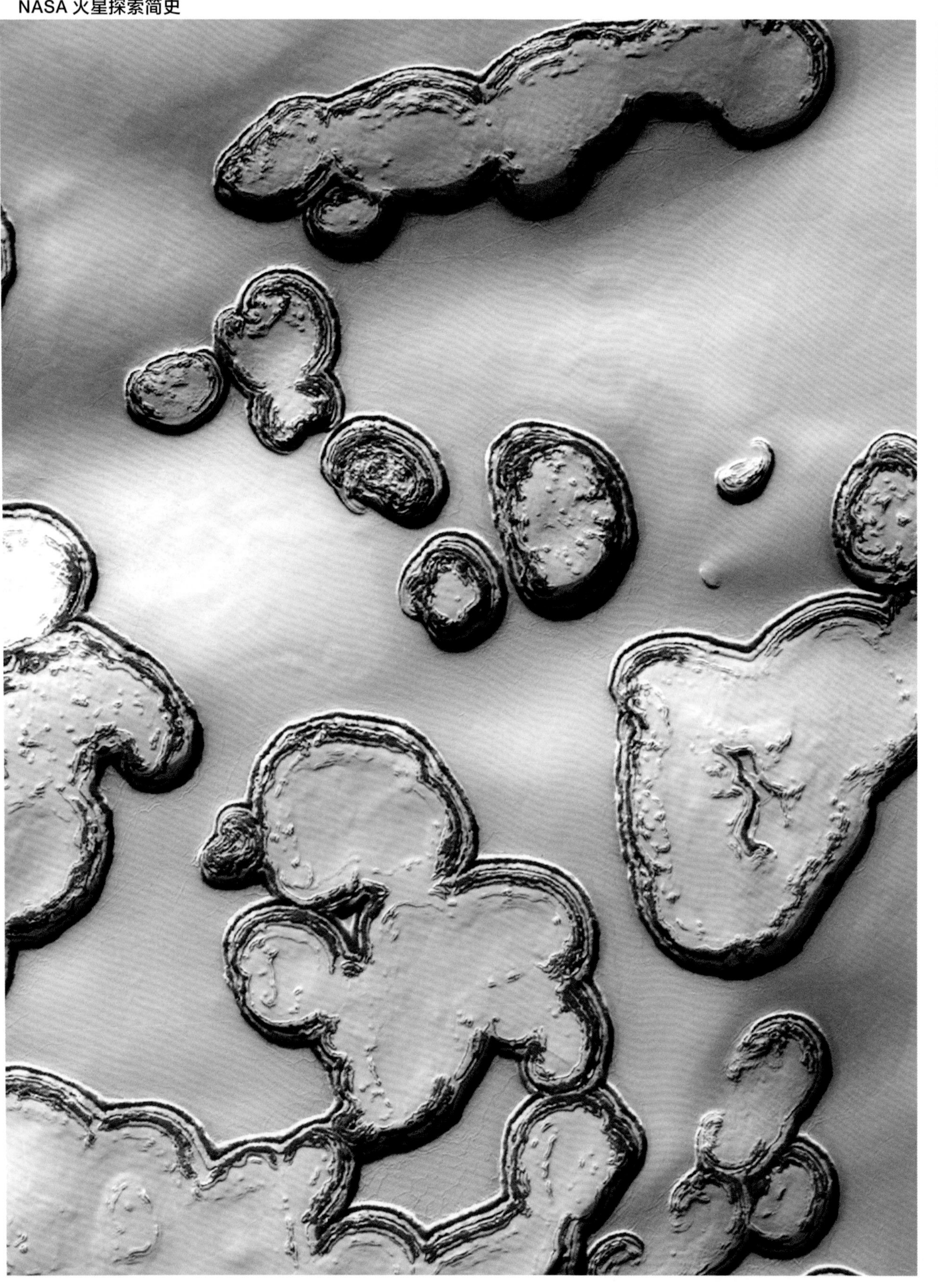

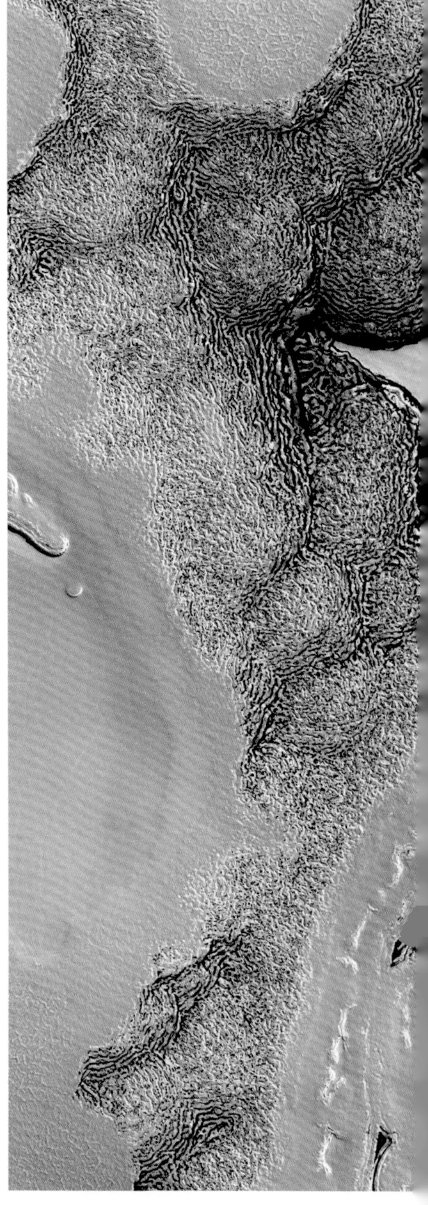

◄▲火星“奶酪”

火星南极永久覆盖着一层厚达 1 米的二氧化碳冰。当春天来临时，随着气温逐渐升高，南极的二氧化碳冰会蒸发，更准确地说是“升华”，但这种升华又是不均匀的，于是创造出这些奇怪的图案。科学家们形象地将其称之为“瑞士奶酪”地形。

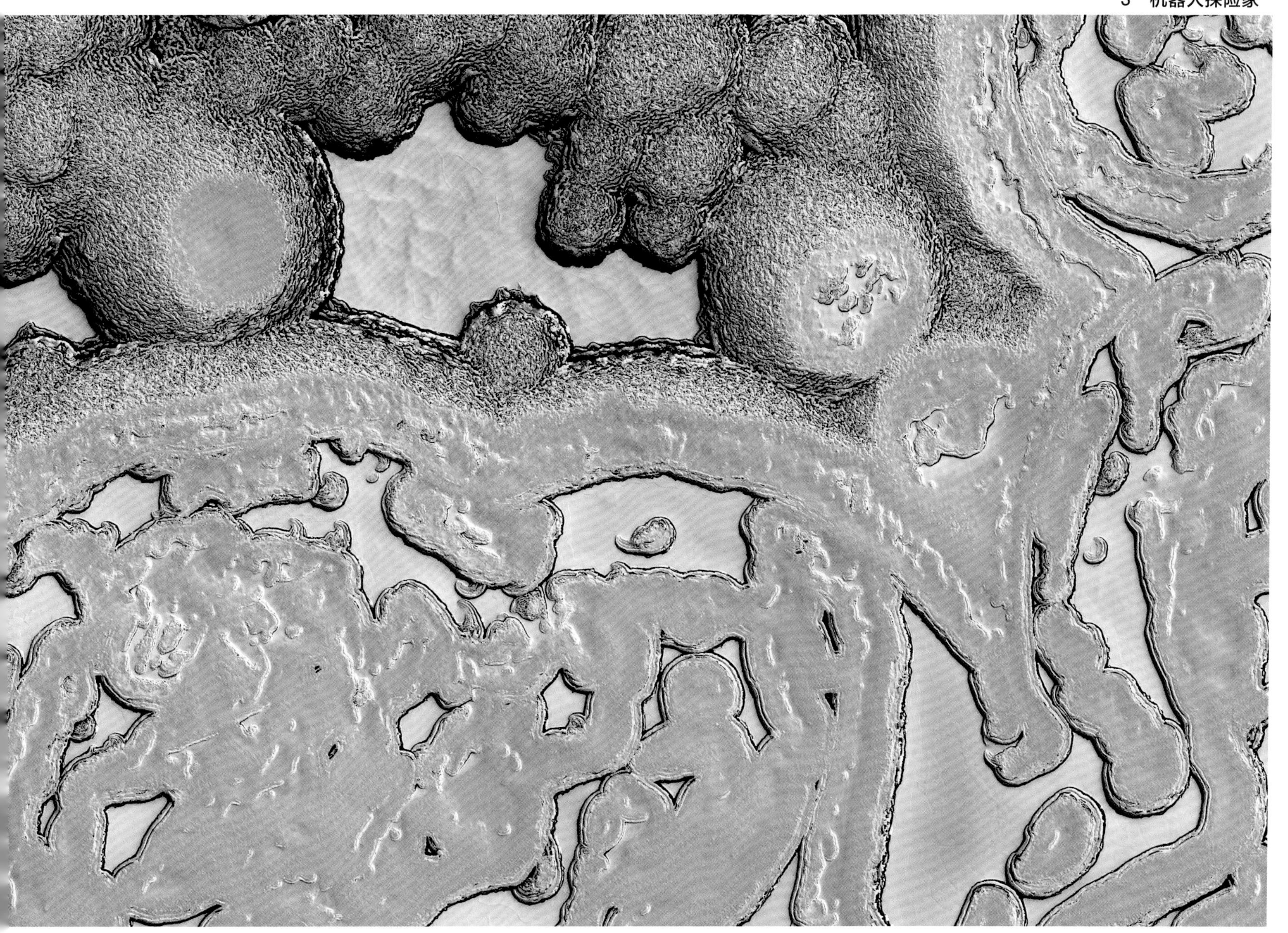

◀货真价实的水冰

2008 年 6 月 20 日，NASA 宣布，“凤凰”号着陆器在火星北极附近的“北极荒原”登陆点有了一个重大发现。它发现了水冰，且只需用机械臂刮去火星地表的表层土壤就能采集到。

▲火星上的 “树”

在冬季，火星北极附近红色沙丘上出现了二氧化碳霜。温暖的春日来临，冰层开始融化，露出了下面的黑色沙丘。当这种情况发生在小沙丘的顶部时，沙子从斜坡上滚下，留下模糊的黑色条纹。在轨道器拍摄的图像中，这些黑色条纹很容易被误认为是树，但这其实只是一种错觉。

▲冬季沙丘

斜射的太阳光将火星南部高地的火山口中的沙丘起伏的特征显现出来。薄薄的霜冻已经开始在阴凉的山坡上积聚，预示着寒冷季节的到来。

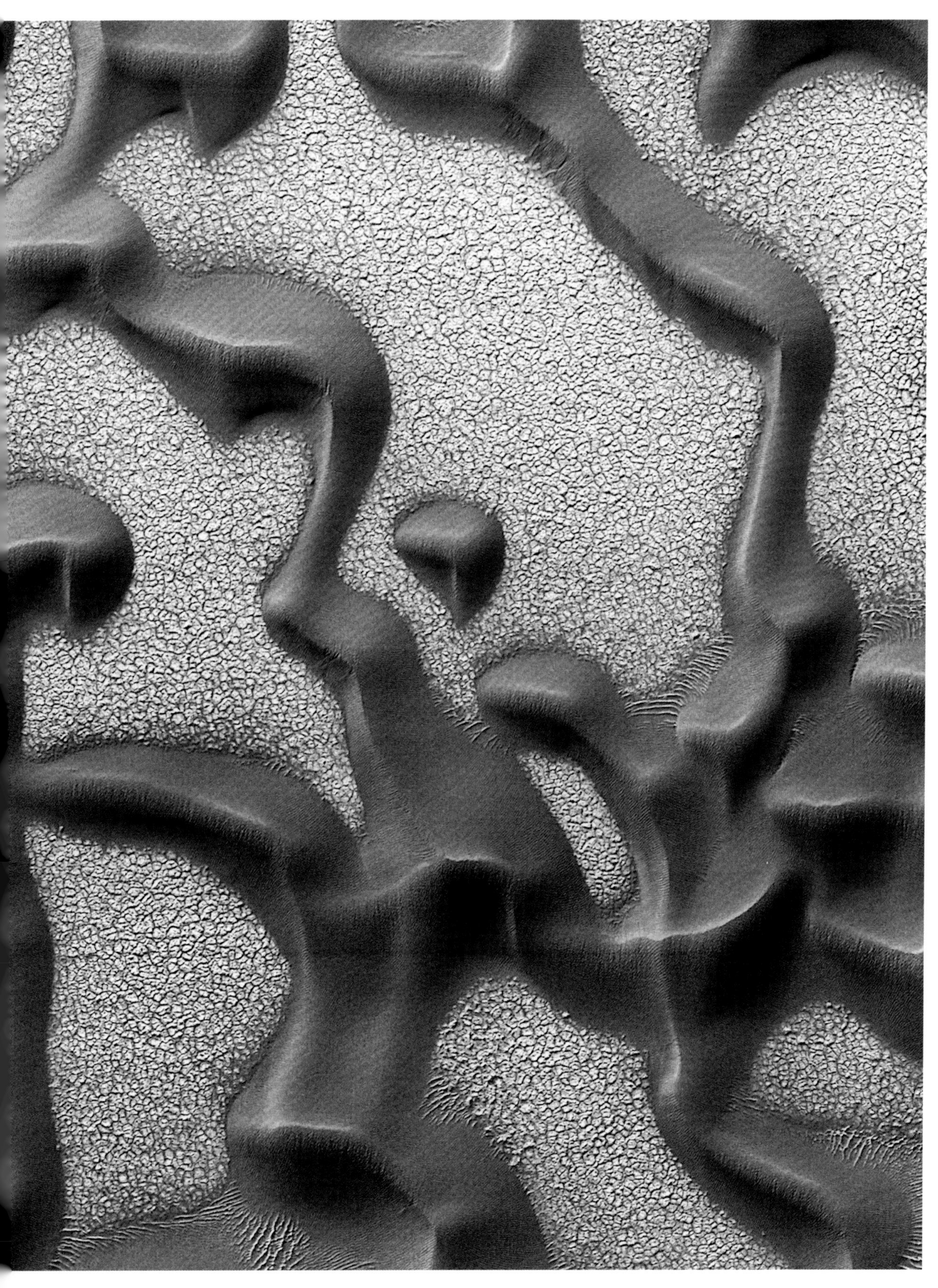

◀**塑造沙丘的形状**

“德尔玛”沙丘区是火星上常见的一种平原。沙丘的结构取决于塑造它的风的模式和灰尘的种类。我们对火星研究得越多，它的奇异之美就呈现得越多。

▶**溪流中的岛屿（第86~87页）**

数十亿年前，洪水从火星厄科深谷北侧的巨大的“火星大峡谷”涌出，这些水涌向北部低地，形成了一个巨大的河道系统，称为卡塞峡谷群。2012年4月，在“火星勘测轨道器”拍摄的伪彩色图像中，冷色表示细颗粒物质，如沙子和灰尘；偏红的颜色表示较硬的沉积物和岩石。水滴状的“岛屿”是由水流塑造的。

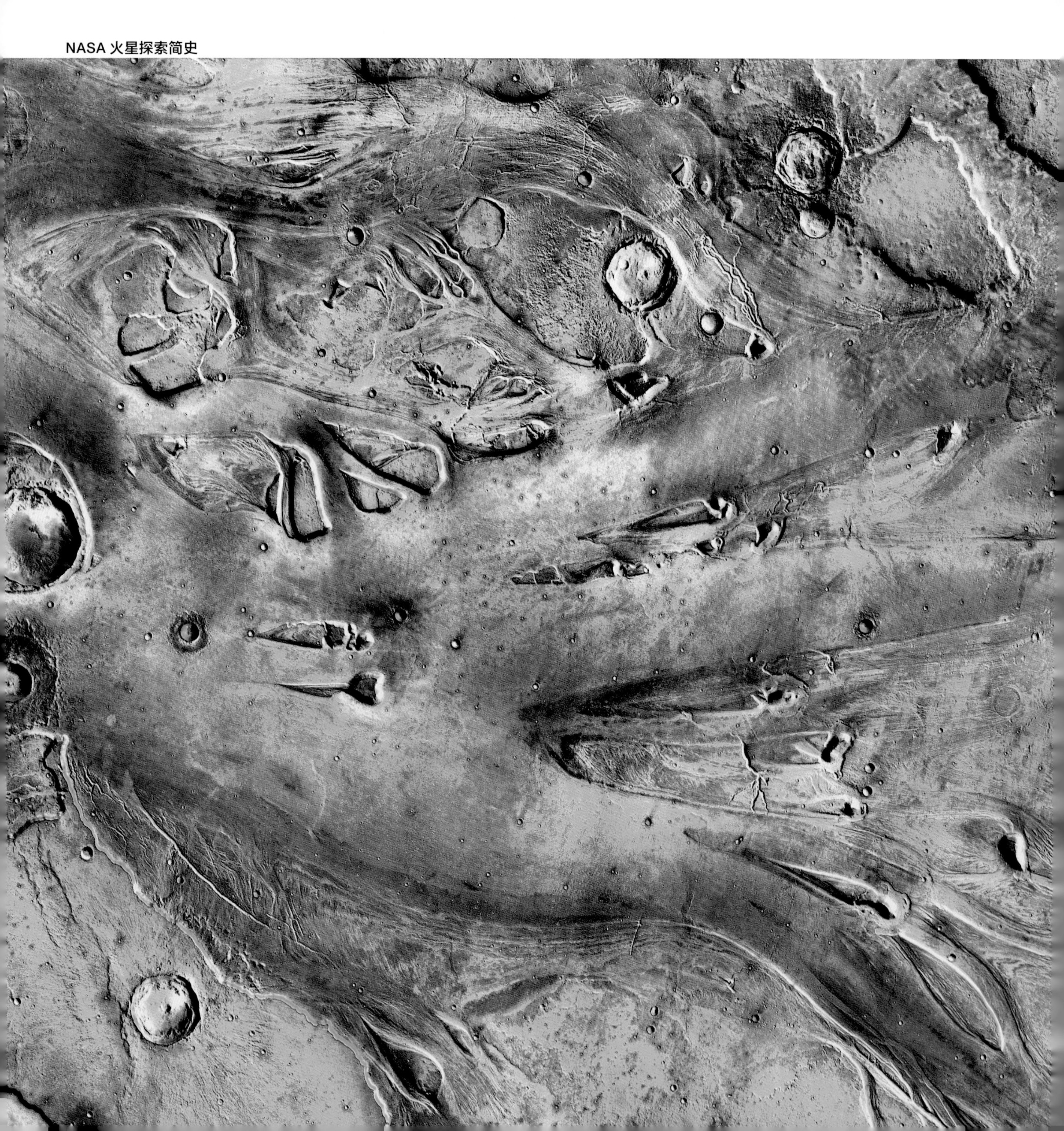

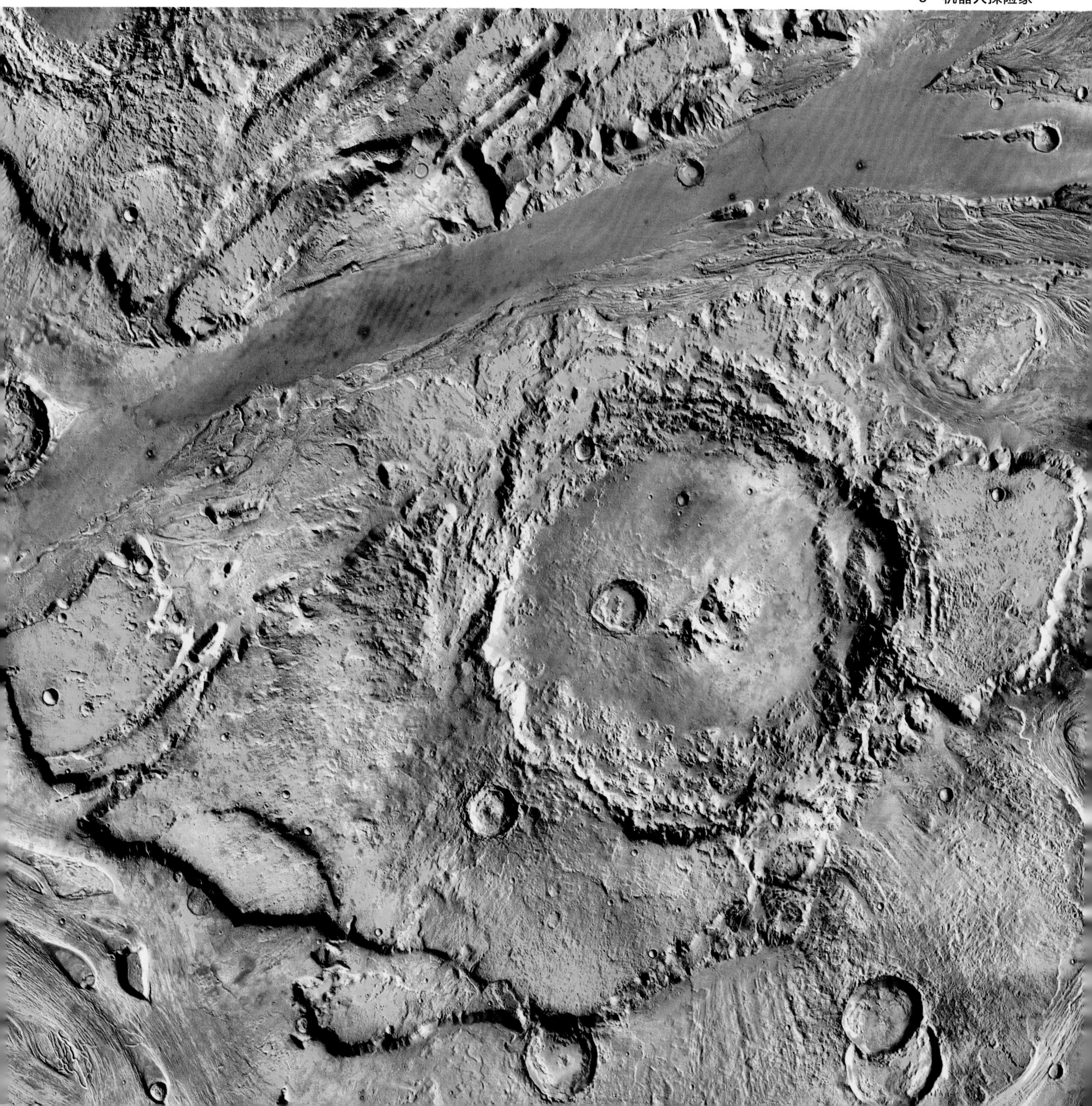

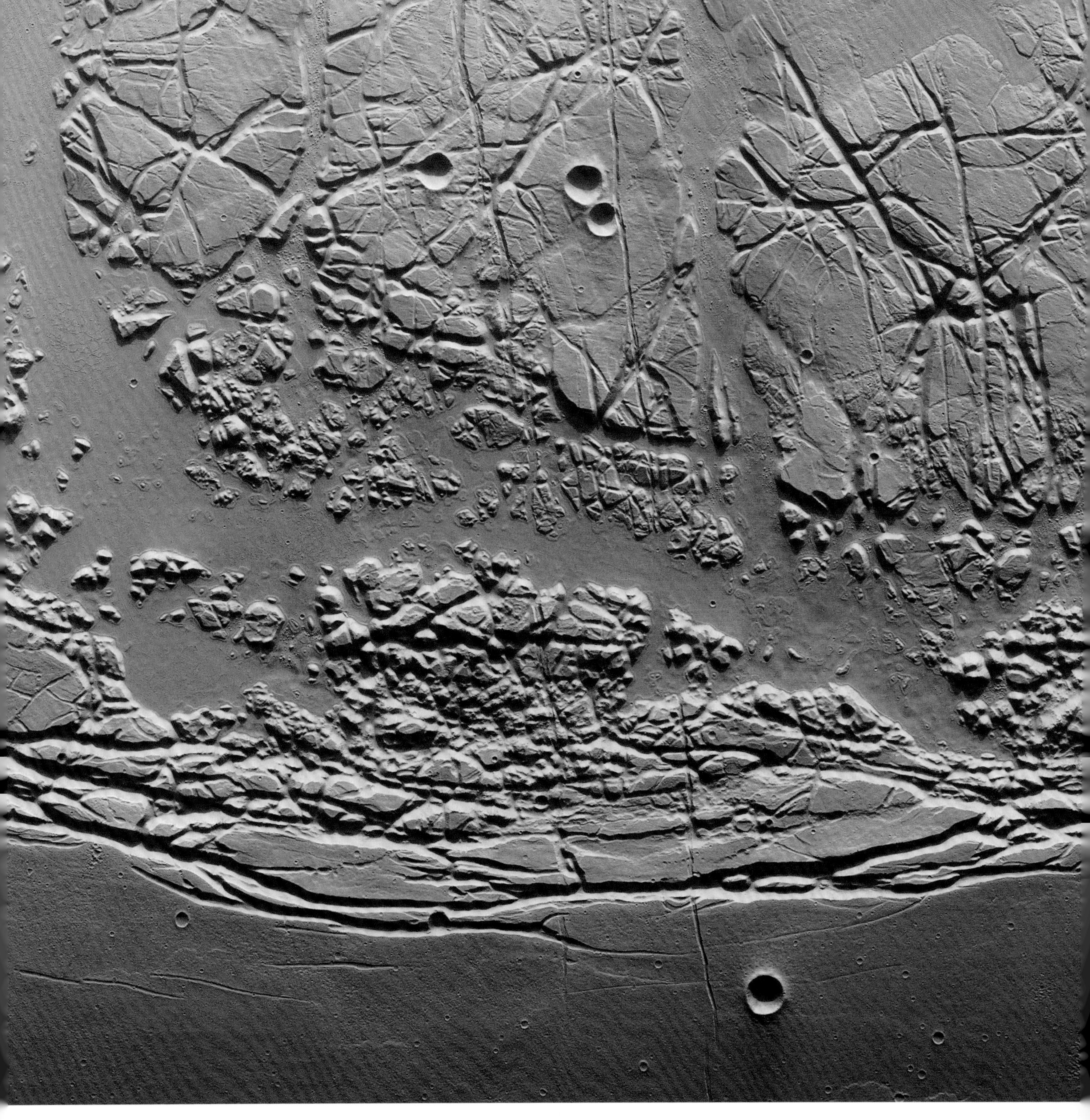

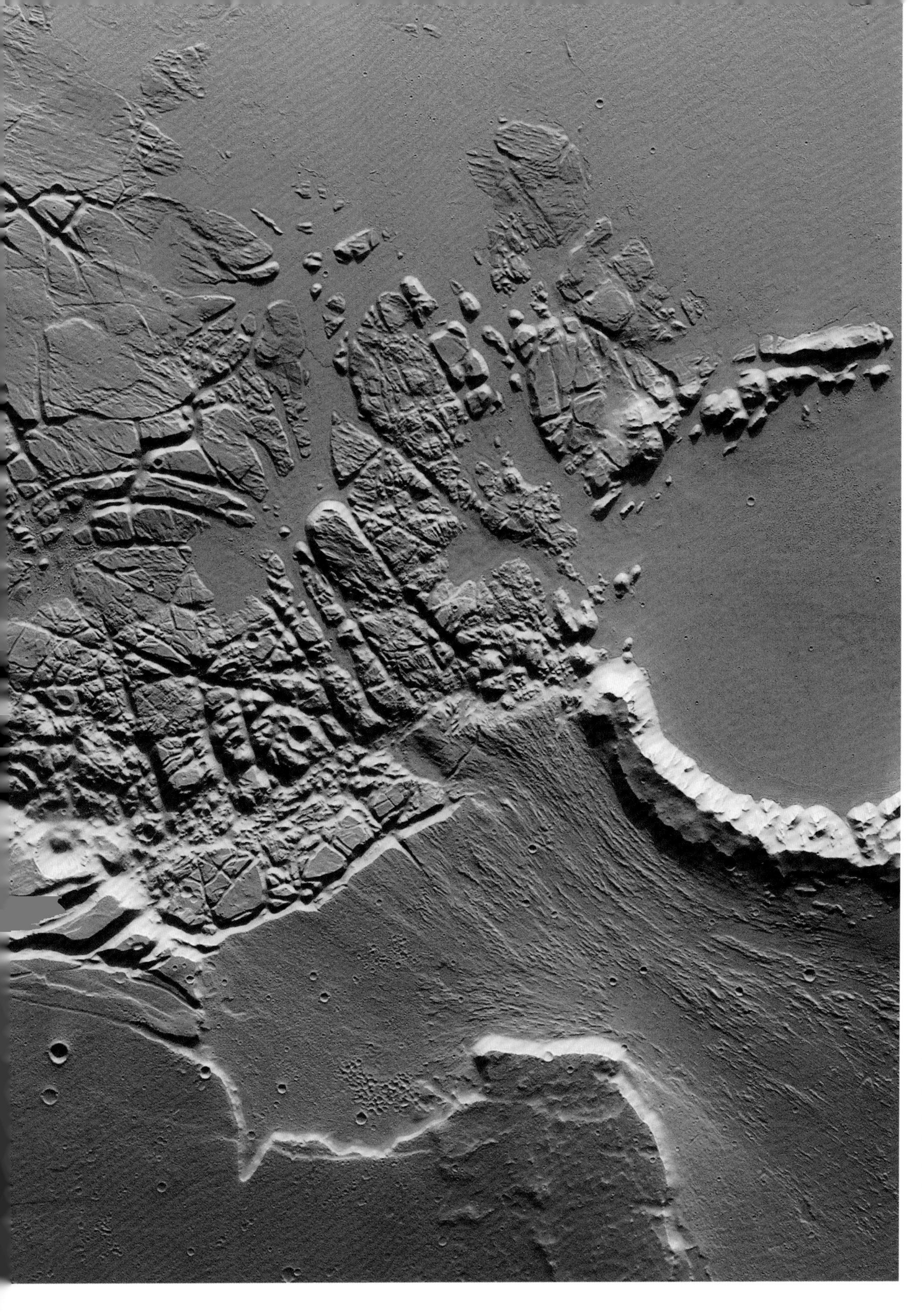

◀ **非常杂乱的地形**

2009 年，NASA 的国际合作伙伴欧洲航天局发射的“火星快车”轨道器飞越了卡塞峡谷群和萨克拉堑沟群之间杂乱的边界区域。此图的颜色没有任何修饰。图右边是北。直径为 32 千米的陨击坑边缘被古代的洪水冲破了一个口子，因此火山口变成了一个湖泊。水在那里具体停留了多长时间还有待讨论。

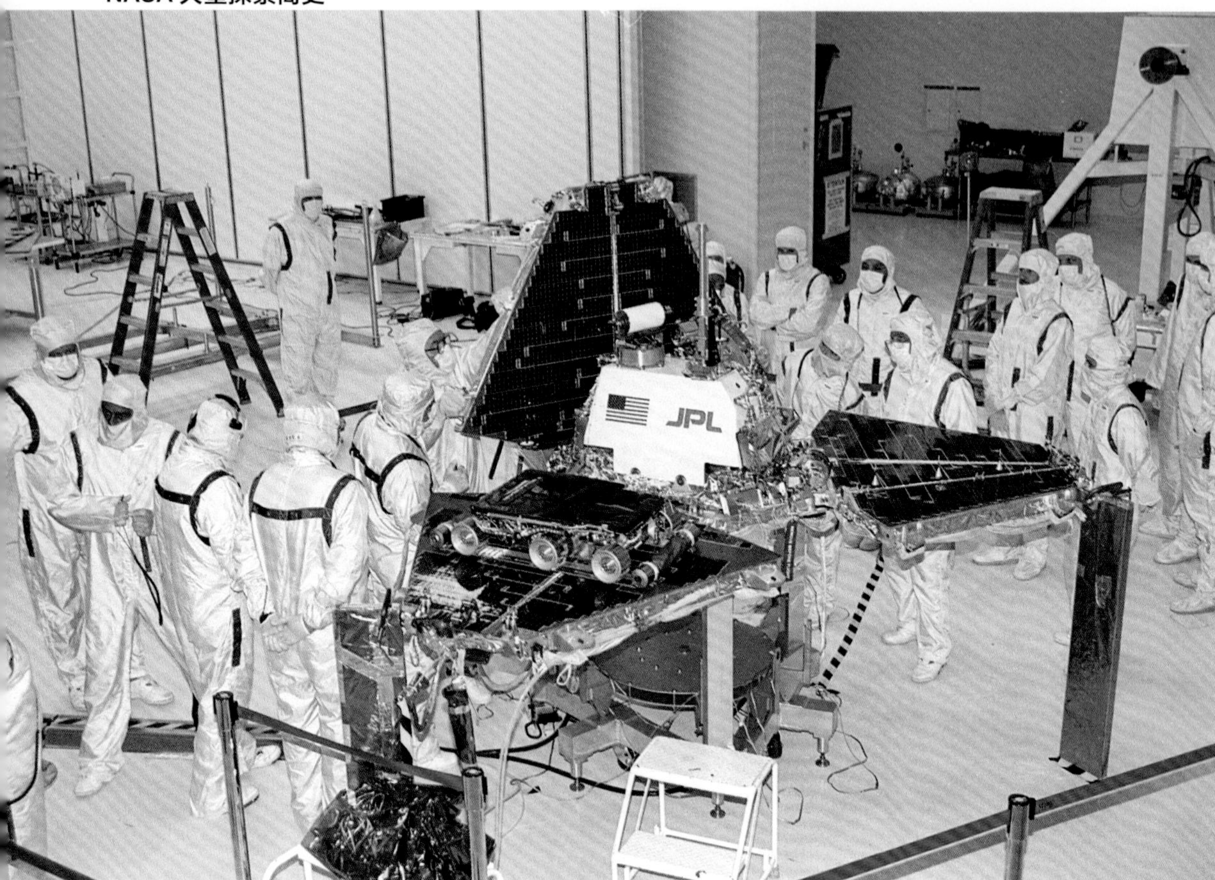

◀组装“火星探路者”号探测器

加利福尼亚州的喷气推进实验室里，工程师们正在二号航天器组装和封装车间将“火星探路者”号的太阳能电池板折叠起来，然后将其装载到德尔塔 II 火箭上，再由该火箭把它送往火星。小小的轮式火星车附着在其中一片电池板的内侧。当 3 片电池板在发射前闭合（左下图）时，安全气囊着陆系统就变膨松了。

▲安全气囊包裹着火星探测器着陆

上图是1995年6月刚刚经过测试的“火星探路者”号的安全气囊着陆系统的原型机。在小型内部爆炸物的作用下，整个膨胀过程只用了短短的一秒。4个排列好的巨大的安全气囊（金字塔形航天器外壳的每个太阳能电池板对应一个）中的每一个都由6个较小的球体组成。

►蹲着的火星车，隐藏的司机

右图是着陆器的相机拍摄的照片，展示了火星车被固定在“火星探路者”号探测器的太阳能电池板上。探测器两侧的两条金色管道展开成两个斜坡，让火星车可以选择其中一条作为驶向火星表面的路线。“旅居者”号火星车的每次行驶动作都是先由地球发出指令，然后再自动完成。

◀触摸一下火星

在“火星探路者”号着陆平台上的摄像机的监视下，“旅居者”号将其阿尔法粒子 X 射线光谱仪推到一块被称为“约吉”的岩石表面，分析其成分。

▶珍贵文物

帕特·罗林斯 1997 年为 NASA 创作的这幅插画想象了一个可能在 30 年后发生的场景：一名航天员收起这辆布满尘土、早已寿终正寝的“旅居者”号火星车，准备将其带回地球放在博物馆展出。

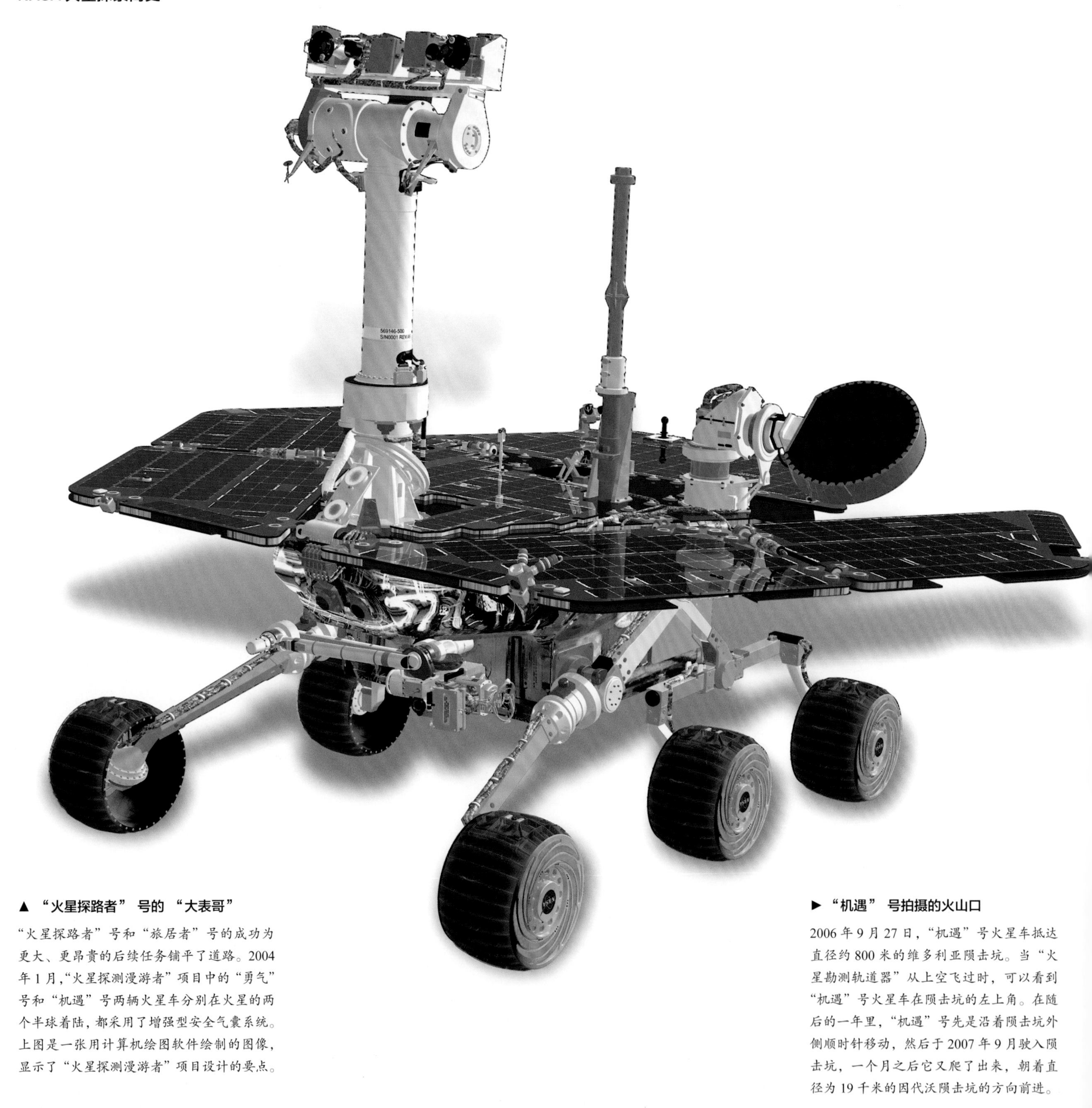

▲ “火星探路者”号的“大表哥”

“火星探路者”号和“旅居者”号的成功为更大、更昂贵的后续任务铺平了道路。2004年1月,“火星探测漫游者”项目中的“勇气”号和“机遇”号两辆火星车分别在火星的两个半球着陆，都采用了增强型安全气囊系统。上图是一张用计算机绘图软件绘制的图像，显示了“火星探测漫游者”项目设计的要点。

► “机遇”号拍摄的火山口

2006年9月27日，“机遇”号火星车抵达直径约800米的维多利亚陨击坑。当“火星勘测轨道器”从上空飞过时，可以看到“机遇”号火星车在陨击坑的左上角。在随后的一年里，“机遇”号先是沿着陨击坑外侧顺时针移动，然后于2007年9月驶入陨击坑，一个月之后它又爬了出来，朝着直径为19千米的因代沃陨击坑的方向前进。

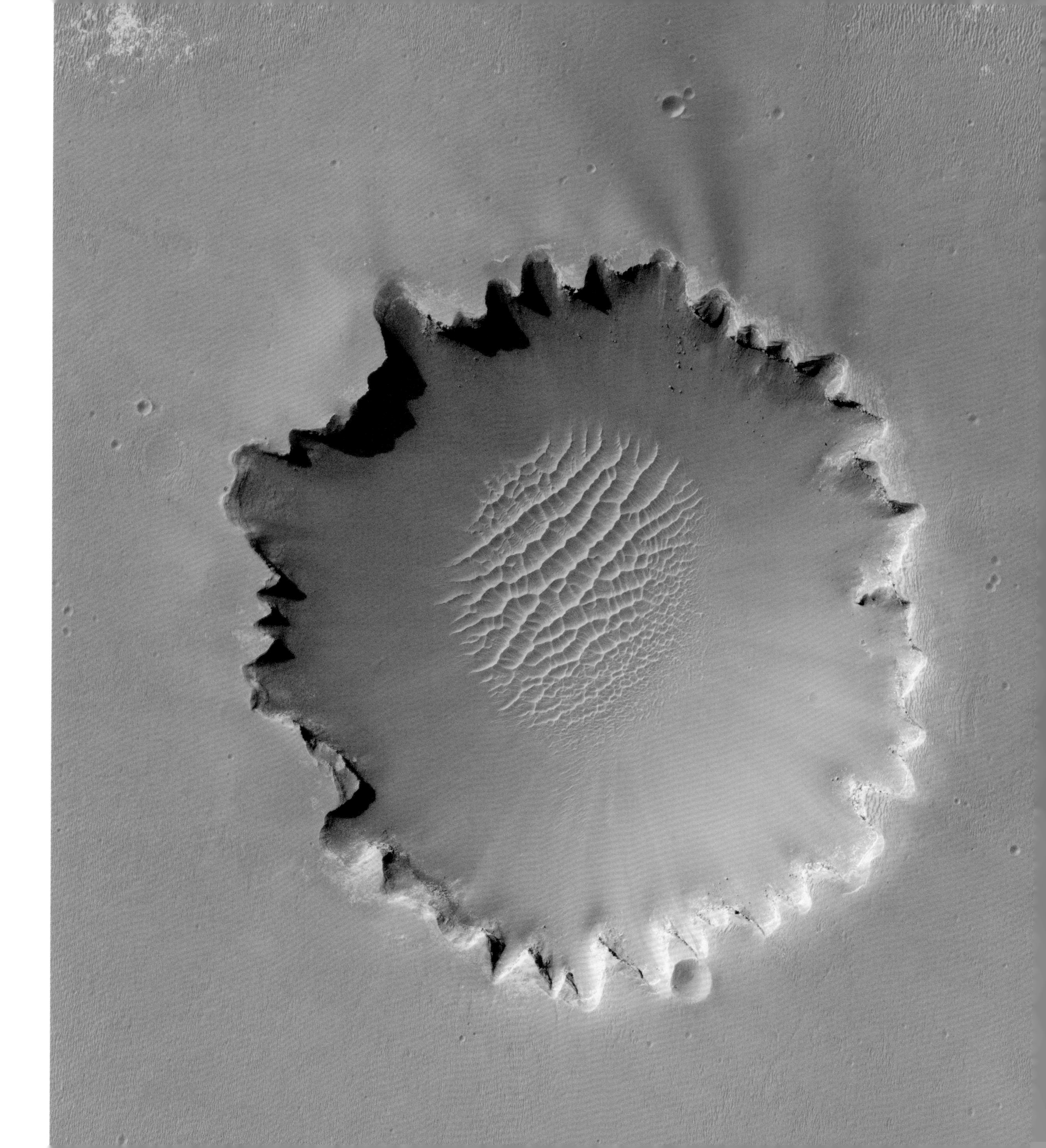

◄▲空巢

2004 年 1 月 4 日，“勇气”号在古谢夫陨击坑着陆后不久，对着空空如也的着陆台拍下了上边这张照片。左边的照片是“机遇”号使用导航摄像头拍摄的它的着陆台。

▲►自力更生的火星车

这两幅照片是2004年12月19日拍摄的，是“机遇”号在火星着陆322个火星日之后的自拍。上图是一张俯摄照片，不妨忽略相机的自拍杆。右图是火星车上小型导航摄像头“自拍”的影子。

◀危险的沙丘

左图是“机遇”号遇到的直径约90米的耐力陨击坑，其地表密布着蜿蜒的不到1米高的沙脊。2004年6月，当“机遇”号开始探索这个陨击坑时，任务控制员担心它会被困在沙子里，但6个月后它安全地爬了出来。

▲从古谢夫陨击坑的边缘看到的场景

"勇气"号在 2004 年 8 月拍摄的这张接近"原色"的照片为我们展示了一块被称为"长角"的露出地面的岩石，其背后是古谢夫陨击坑的底部。

我们已经得出结论，这里的岩石曾经被液态水浸泡过。水改变了它们的质地和化学成分。我们已经能够解读水留下的蛛丝马迹，我们对这个结论充满信心。

——"火星探测漫游者"项目首席科学家史蒂夫·斯奎尔斯，2004年

►水作用形成的赤铁矿结晶球体

2004 年 4 月，"机遇"号对着弗拉姆陨击坑附近的"球状"赤铁矿"蓝莓"拍下的放大特写镜头。这张照片约为一张邮票大小，由"机遇"号机械臂上的显微成像仪拍摄。

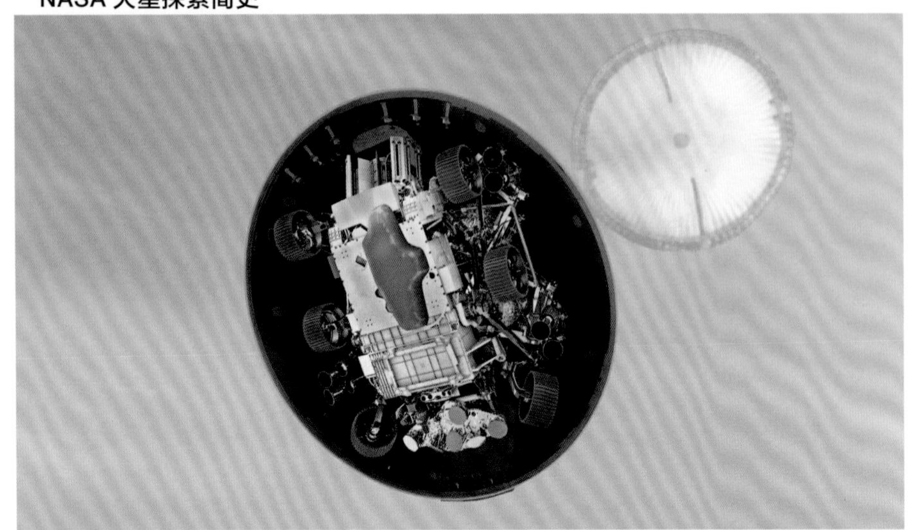

▲►太激动人心了， 成功了

这几张图展示了“空中吊车”如何通过电缆将“好奇”号安放在地面上。火星车的轮子一接触地面，“空中吊车” 就切断电缆，随后飞到一个安全的地方降落，这样它尚未消耗的燃油就不会干扰火星车的精密仪器。

◀存在风险的机器

左图是技术人员在对“好奇”号火星车的“空中吊车”降落级做调整。该火星车于2011年11月26日从地球发射升空，并于2012年8月5日抵达火星。

▶工作中的“好奇”号（第104~105页）

可伸缩的机械臂让“好奇”号得以在默库山前留下这张令人印象深刻的“自拍照”。图片中央的默库山是盖尔陨击坑内的中央峰——夏普山露出地表的部分。这张全景图是由2021年3月26日拍摄的多张照片拼接而成的。在图像的中下部可以看到一个岩石取样钻孔。

◀裂缝中的水

左图是“好奇”号近距离观察盖尔陨击坑中央峰夏普山下的“花园城”矿脉时拍摄的照片。当水流过岩石裂缝时，这些矿脉就会积聚起来，并留下矿物沉积物。随着时间的推移，水消失了，周围较软的岩石风化了，留下了部分暴露的矿脉。

◀向巴格诺尔德沙丘群行进

图片下部的暗带是巴格诺尔德沙丘群的一部分，该沙丘群位于盖尔陨击坑内的夏普山西北边缘，“好奇”号火星车在2015年9月下旬拍摄了左边这张照片，当时它正小心翼翼地朝那进发，以便做近距离的观察。

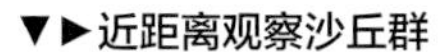

▼▶近距离观察沙丘群

尽管行星科学家在半个世纪前就已经能够通过太空轨道上拍摄的照片研究火星沙丘。但直到2015年底“好奇”号火星车接近巴格诺尔德沙丘群时，他们才第一次近距离地观察到沙丘那些精细的、瞬态的特征。“好奇”号甚至可以将细节精确到毫米级（右图和下图）。

◀历史的层次

2020 年 4 月 9 日，是“好奇”号在火星上的第 2729 个火星日，这天，它在攀登夏普山的斜坡时，拍摄了 28 张照片，拼接成左边这幅名为“格林黑格山麓”的全景图像。图像近景以坚硬的砂岩层为主，中心是一个富含黏土的地区，说明这里过去很有可能存在过水。图像远景展示的是盖尔陨击坑的底部。

▲漫长的道路

2014 年 2 月，“好奇”号在火星上漫游了 500 多个火星日后，在经过丁戈陨击坑的沙丘时，回头拍摄了自己走过的痕迹。一个火星日比地球上的一天长 40 分钟。

►轮子上黏附的东西

“好奇”号对自己一个轮子拍摄的照片表明，尽管火星上天气干燥，火星土壤还是很容易黏附在轮子上。这可能是由土壤颗粒中的静电引起的。

我们不是把机器人送上了火星，而是让机器人代替我们到达了火星。未来我们自己到达火星时，可能会有回家的感觉。

——“好奇”号总工程师罗布·曼宁，2007年2月

▲►灰尘堆积降低发电效率

2018 年 5 月发射的“洞察”号（上图）于同年 11 月 26 日在极乐平原着陆。到 2021 年时，堆积在太阳能电池板表面的灰尘导致它的效率下降到最初的 27%。“洞察”号相隔两年拍摄的“自拍”（右图）显示出这个问题的严重程度。

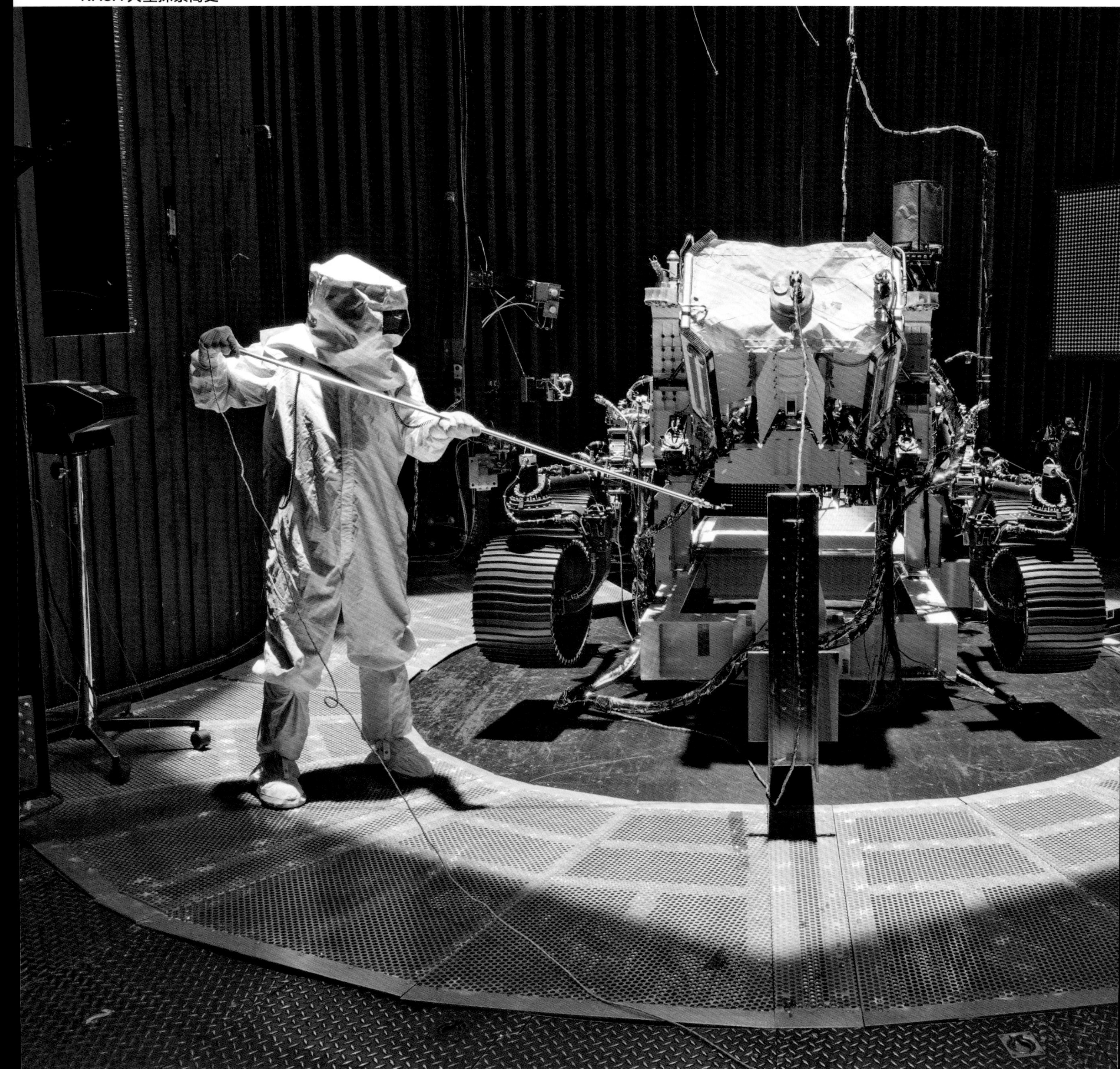

▲铭牌下面里有什么？

“毅力”号火星车的铭牌是一块蚀刻的钛板，安装在“毅力”号火星车机械臂的下部。该板保护车内电缆和机械部件。这个名字是从全美中小学生“给火星车起名字”活动中选出的，有多达2.8万名学生提交了方案。

◄▲检查灯

左图是一名工程师用模拟阳光照射比“好奇”号大一号的“毅力”号火星车，然后用测光探头测量不同部位接收到的模拟阳光强度。这些数据有助于设定任务期间的温度和太阳辐射控制程序。上面的剪影图展示了火星车的大小。

NASA
JPL

◀▲测试火星车的孪生兄弟

在加利福尼亚州的喷气推进实验室，“毅力”号火星车的复制品正在接受测试。在向火星上的“毅力”号火星车发送补救指令之前，可以通过测试它在地球上的孪生兄弟，从而帮助解决操纵问题或其他技术故障。

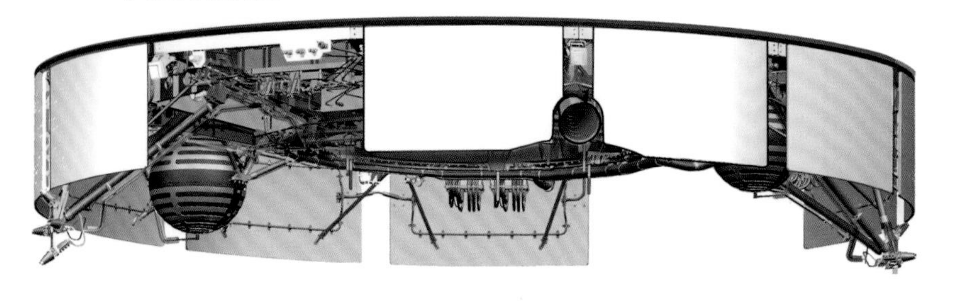

◀巡航级

在飞往火星的 7 个月的旅途中，巡航级给整个航天器供电，保持它的电力和与地球的通信。燃料箱和小型推进器使它能够调整航向。

◀背罩

蛤蜊状外壳的上半部分，在降落时保护火星探测器。背罩还装有额外的推进器，以微调进入火星大气时的速度。背罩顶部装有降落伞，以便在降落的最后阶段释放。

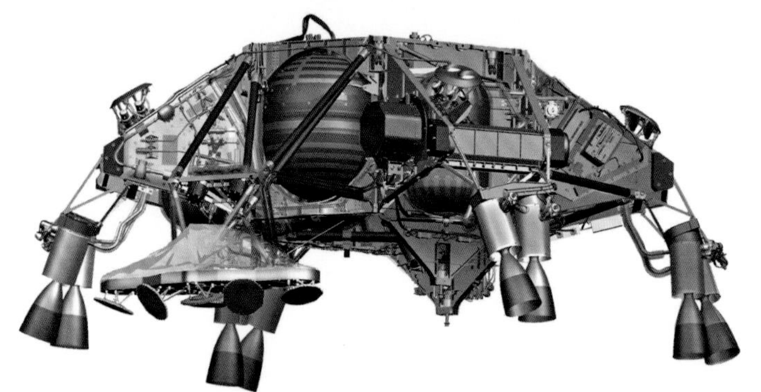

◀降落级

这是一个自由飞行的火箭动力平台，通常被称为“空中吊车”，它与背罩分离，使用 8 个发动机为最终降落阶段减速，使用微调雷达进行控制。在即将着陆时，降落级用电缆轻轻地把火星车放下。然后，它飞到离火星车有一段安全距离的地方，自行降落在火星表面。

◀ “毅力” 号火星车

这辆六轮火星车是“好奇”号火星车的改良版本，主要的有效载荷包括照相机、科学仪器和岩石取样设备。

◀隔热板

有助于在最后阶段降低火星车的下落速度，同时保护其内的火星探测车在最初进入火星大气层时不会受到高温的影响。

▲到处都是水曾经存在过的证据

上图为耶泽罗陨击坑的西部，是“毅力”号火星车的着陆点。古老的水渠将大量沉积物运送到陨击坑中。这张图包含了多个火星轨道器探测的结果，不同的颜色代表不同的矿物。沉积物中含有只能在水中形成的黏土和碳酸盐。

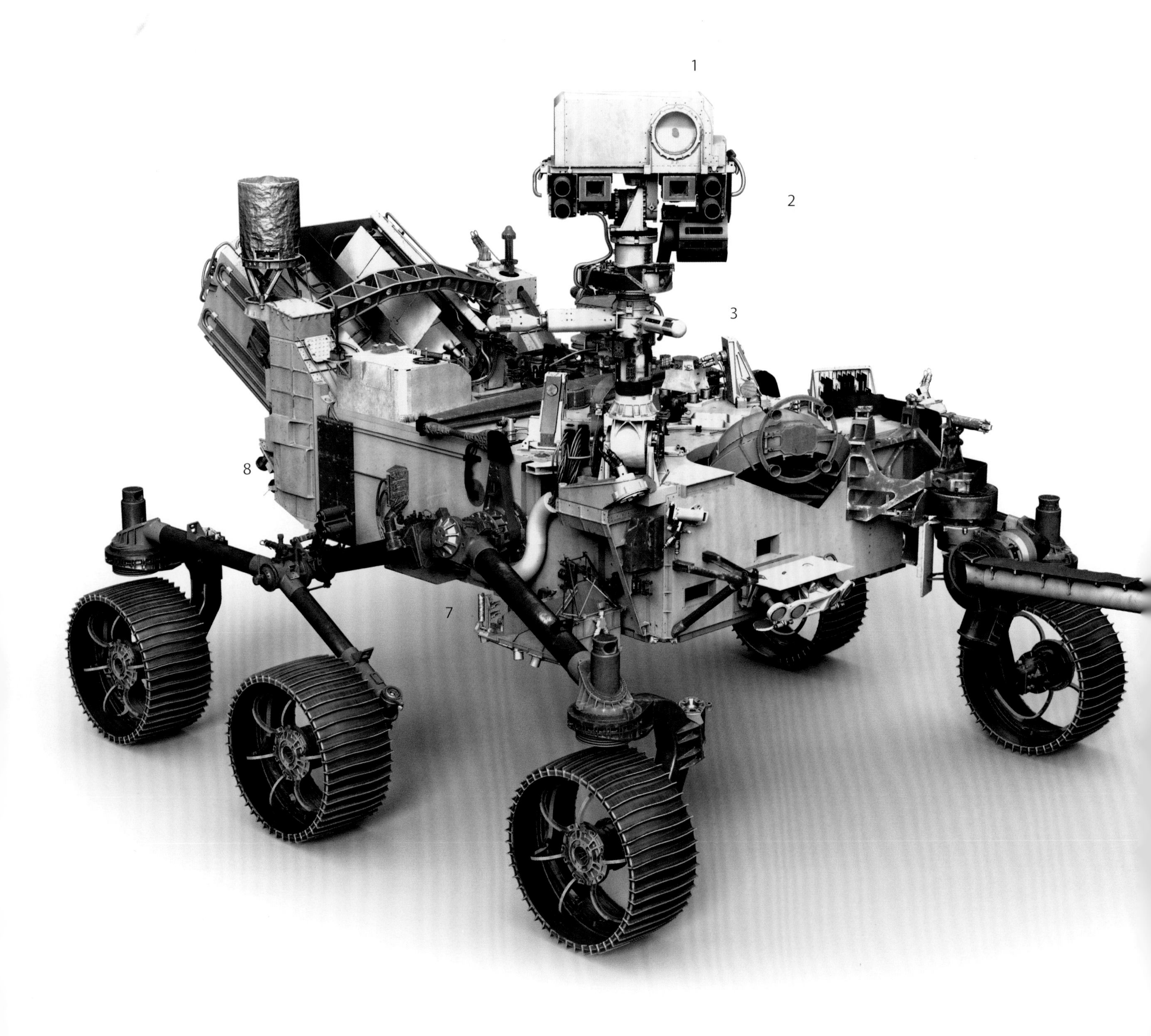
1
2
3
8
7

“毅力” 号火星车的科学有效载荷配置

1 超级摄像头 （SuperCam）

一个摄像头、激光和光谱仪系统，可以在 7 米外识别出只有铅笔头大小的目标的化学成分。

2 超级相机系统 -Z （MASTCAM-Z）

一个具有全景、立体和变焦镜头功能的先进摄像系统。

3 火星环境动力学分析仪 （MEDA）

这个设备用于测量火星大气的温度、风速和方向，还可以测定大气压力、湿度和火星大气中的尘埃含量。

4 利用拉曼光谱和荧光光谱扫描宜居环境中的有机物和化学品 （SHERLOC）

这个设备使用摄像头、光谱仪和激光来寻找可能代表火星上曾经有过微生物的有机化合物。

5 广角地形传感器 （WATSON）

这个设备能拍摄有助于确定火星岩石和尘埃中精细纹理和结构的图像。

6 行星 X 射线岩石化学仪 （PIXL）

一种 X 射线荧光光谱仪，有助于在精细尺度上确定岩石和其他表面材料的化学成分。

7 火星氧原位资源利用设备 （MOXIE）

这个设备用于测试从火星二氧化碳大气中释放纯氧，以支持未来的载人任务。

8 火星地下实验雷达成像仪 （RIMFAX）

一种探火雷达，用于探测火星地表下至少 10 米深的岩石、冰或液态水。

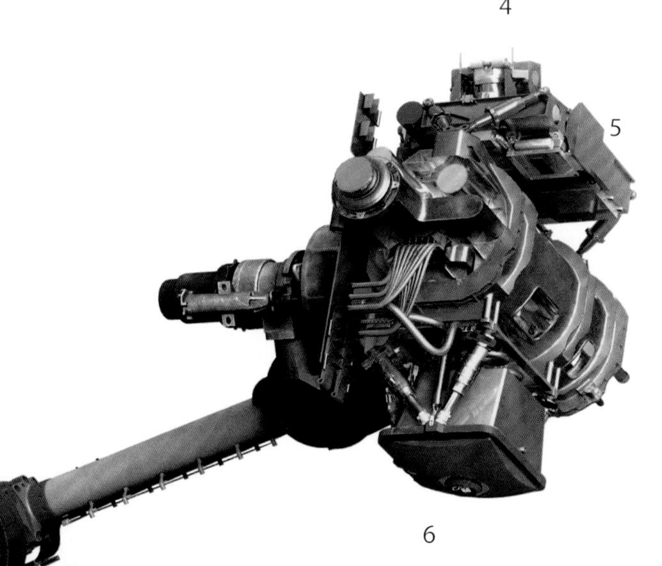

▲测试重心位置

2020 年 4 月 7 日，“毅力”号火星车在佛罗里达州肯尼迪航天中心被吊在空中开展质量分布测试。工程师们需要在将火星车放进“火星 2020”探测器之前，测量好火星车的重心位置和其他一些特征参数。

►背罩以内

“火星 2020”探测器的巡航级位于钟形的背罩上面，背罩内有“空中吊车”和“毅力”号火星车。黄铜色的隔热板即将连接到保护壳上。这张照片是 2020 年 5 月 28 日在肯尼迪航天中心拍摄的。这些组件再次这样分开是在 2021 年 2 月 18 日，在火星表面上空约 10 千米处。

SLAST0003-
T. 2650 LBS.

▶实现不可能完成的任务

“空中吊车”和“毅力”号火星车上的摄像头传送回了令人难以置信的视频，展示了一辆车给另一辆车拍摄的影像。火星车着陆后，该视频被传送回地球，这是火星着陆时的历史性画面。

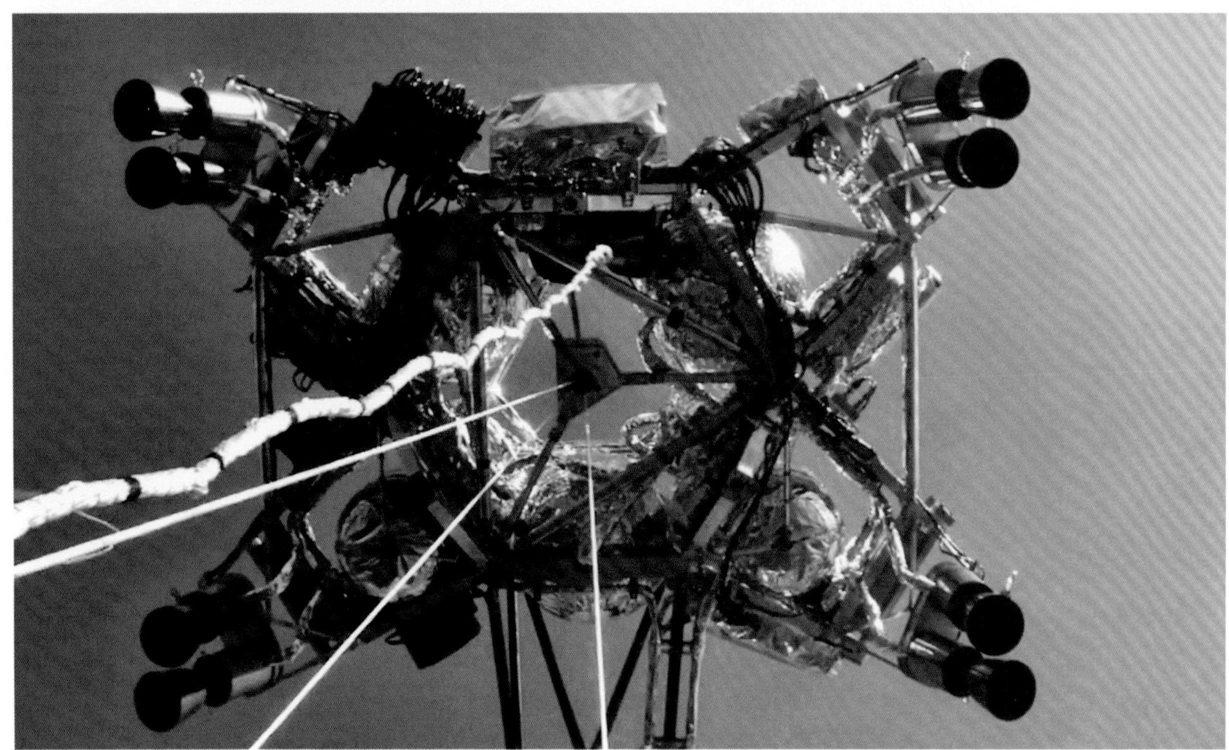

进入、降落和着陆，这个过程被称为恐怖七分钟，因为我们从火星大气层顶部到达火星表面的时间总共只有七分钟，必须要有完美的顺序、完美的编排、完美的时机，速度才能从每小时20921千米下降到零。而计算机必须在没有地球地面帮助的情况下独自完成这一切。如果有任何一件事情做得不好，游戏就结束了。

——“好奇”号工程师汤姆·里维利尼，2007年2月

◄▲▼智能无人机

2021 年 4 月，“毅力”号火星车使用安装在机械臂上的摄像头来观察它的腹部，记录了“机智”号的分离过程。这个小型飞行机器人随后进行了十几次飞行，通常会上升到 12 米的高度，进入稀薄的火星空气中，并以每小时 7 千米的速度在火星的空中飞行。每次飞行时间超过两分钟，能飞大概 600 米的距离。

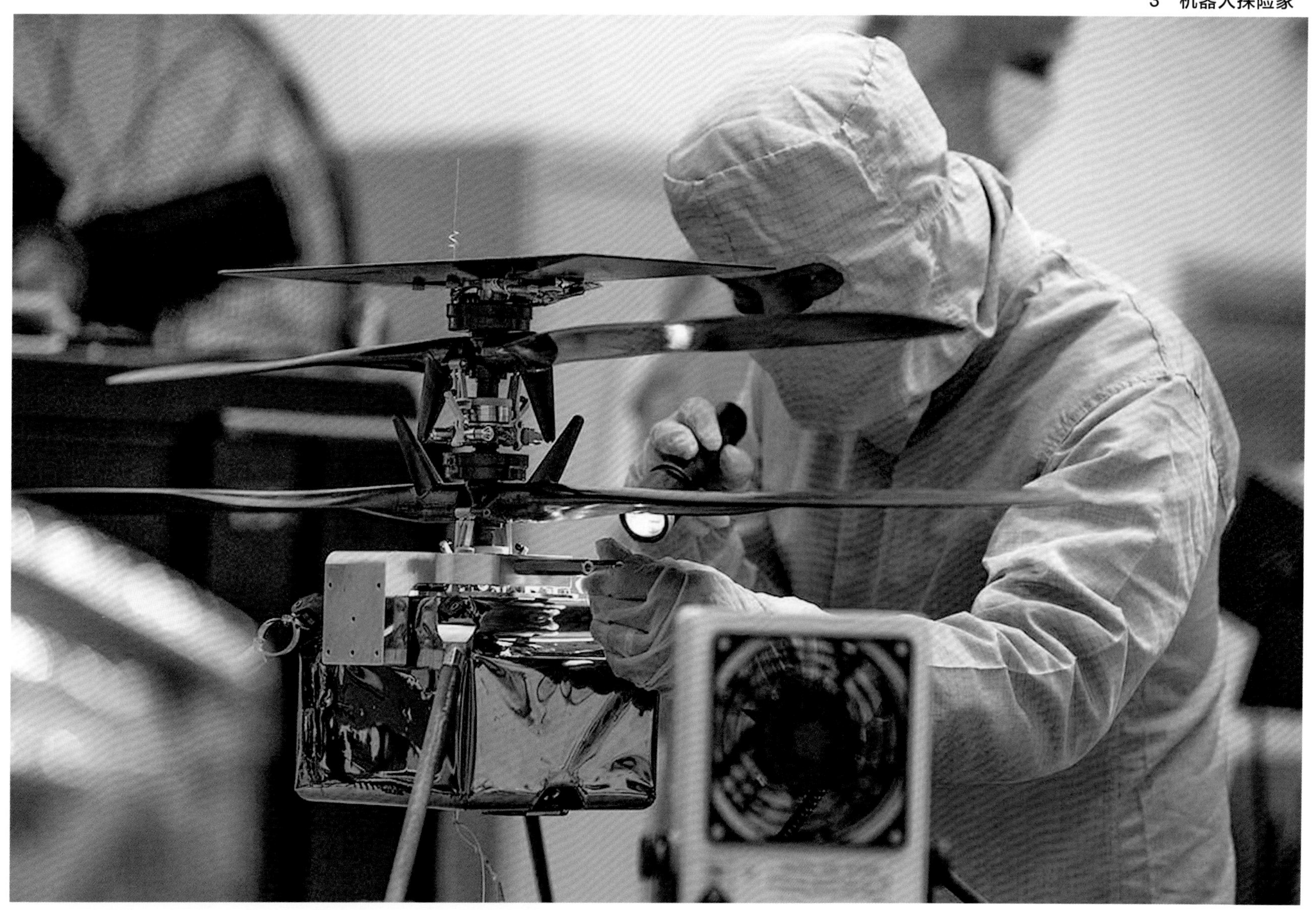

▲在另一个世界的第一次飞行

在小型无人直升机“机智”号被装入“毅力”号火星车腹部之前，工作人员正在对它做最后检查。

◀智能无人机的影子

2021年4月19日，在火星上第一次受控飞行期间，“机智”号在巡航时拍到了自己的影子。它使用了导航摄像头，可以在飞行过程中自动跟踪地面。

▶创造历史的机器人探测器

2021 年 4 月 6 日是“毅力”号火星车到达火星后的第 46 个火星日，它拍了第一张“自拍”照。“机智”号无人直升机停在距离“毅力”号火星车 4 米的地方。这张照片是由安装在火星车机械臂末端的广角摄像机拍摄的。

▲ “祝融号” 火星探测器

2021 年 5 月 15 日，中国的“祝融号”火星探测器在火星表面成功着陆，这意味着中国取得了真正的太空佳绩。中国国家航天局发布了火星车和着陆器的视频截图，这些视频是由放置在地面的小型可拆卸相机拍摄的。

◀欧洲的野心

一名技术人员在欧洲航天局位于意大利都灵的实验室内测试 ExoMars 火星车的初样件。正样件原定于 2022 年向火星发射，但是被推迟了，欧洲航天局希望能在 2028 年发射。

火星移民
建立新世界的战略

▶理想的未来

图为詹姆斯·沃恩描绘的一个令人无限遐想的场景：一位探索火星的航天员穿着未来的航天服，身后是一辆加压的火星车。目前这还只是幻想。这在未来真的会发生吗？

NASA

不难想象，只要支持力度够大，NASA就能把人类送上火星。1961年，在我们几乎还不知道如何到达近地轨道的时候，约翰·F. 肯尼迪总统就提出了登月的想法，这项任务只用了9年时间就完成了。如今，以我们对太空的了解，已经完全可以让航天员到达火星了，把人类送上火星为何还是如此困难呢？

事实上，有些总统已经尝试过发起载人登陆火星计划了。1989年7月20日，当老布什总统在尼尔·阿姆斯特朗、巴兹·奥尔德林和迈克尔·柯林斯的陪伴下庆祝阿波罗11号成功登月20周年时，他谈到“一场通往明天的旅程，载人登陆火星任务”。NASA的一个小组开始着手编写现在臭名昭著的“90天报告”，之所以叫这个名字，是因为它花了那么长时间却只给出了一个预算过高且不具有可行性的计划，这让老布什希望自己从来没有提到过火星。在这个报告中，一个空间站将为在近地轨道上组装的近1179.3吨的全燃料行星际飞船提供服务。这个报告计划要在20年的时间里花费5000亿美元。

工程师罗伯特·祖布林认为该报告中的计划是完全错误的。他觉得没有必要建造像科幻剧《太空堡垒卡拉狄加》中那样巨型的宇宙飞船。于是他重写了火星计划。1990年2月，他的设计团队给出了一个激进的设计方案，大幅削减了任务中硬件的质量：“让大多数乘员系统空着出去！这样可以在氧气、水、食物和其他生命支持系统上大幅减轻质量，也可以减少运载的人的质量。”

前往火星时，保留空座位

在一项名为“直达火星”的计划中，小型航天器由常见的火箭运出地球。每一个不载人的有效载荷都不用在近地轨道绕转，而是直奔火星，并在着陆前使用一个减速伞直接穿越火星大气层，再使用安全气囊或火箭（适用于较大部件）进行最终着陆。在火星表面上逐渐形成一套包含火星车、栖息地、生命支持设备和其他机械设备的组合。这些抵达火星的设备里关键的一个设备是“返回地球飞行器”，它是航天员在任务结束后离开火星返回地球的必备航天器。就像其他有效载荷一样，这艘飞船到达火星时没有载人；更加疯狂的是，它的上升舱的燃料箱几乎是空的。这样可以减轻出发时的质量，但是“返回地球飞行器”返回地球时应该如何从火星起飞呢？答案是：借助从19世纪以来就广为人知的一种简单的化学反应——甲烷与氧气反应产生二氧化碳和水，“原地资源利用”实验从火星大气中获取所需的大部分资源，火星大气主要由二氧化碳组成。“原地资源利用”工厂通过镍催化剂泵入火星大气，向混合室添加微量氢。催化剂分解二氧化碳，释放氧气，氧气与氢结合，生成水。释放的碳与多余的氢反应生成甲烷，然后甲烷被泵入“返回地球飞行器”的燃料箱。

同时，向水中施加微弱的电流来提取氧气，而水中的氢又成了自由分子，被泵回到系统中，这样就又可以开始新一轮循环。这是一个简单的电解过程，我们对此非常熟悉。（可能会保留一些饮用水，但一般来说，航天员将直接从火星表面的冰中提取水，并循环利用他们的尿液和呼出的水蒸气。）大约5440千克氢气被运送到火星并送入“原地资源利用”工厂，可以提供21770千克甲烷和43550千克氧气，这些燃料足以让“返回地球飞行器”升空，还有适当余量可以为地面设备和火星车提供动力。

“原地资源利用”工厂采用微型钚热电发电机提供电力，该发电机已用于伽利略木星任务、卡西尼-惠更斯土星探测器以及最新一代火星车。尽管存在环境污染隐患，但这些装置发射时是安全的，因为钚被包裹在异常坚硬的外壳中。并不需要发明任何新东西就能让“原地资源利用”工厂发挥作用。

“毅力”号火星车用一个实验来验证了这个想法。火星氧气“原地资源利用”实验在2021年4月成功完成了第一次运行，产生了约5克的纯氧，可供一名航天员呼吸10分钟。这是一个小小的简单测试。提供载人任务所需的所有氧气只需要一个更大的装置而已。

继续讨论“直达火星”任务。在火星上的所有准备工作都就绪了，包括用于返回地球的“返回地球飞行器”中的燃料充满了之后，才会发射载人登陆火星的航天器。这样一来，乘员舱就只需携带必需品：航天员、食物和生命维持物品、带有着陆推进器但没有上升级的推进系统。这个任务选择在地球和火星都位于太阳的同一侧且最近时发射。这个窗口期的周期是 26 个月，也就是大约每两年一次。“直达火星”任务根据火星和地球的接近时间制订了一个发射时间表。

从火星返回地球

这种“低能轨道”计划的缺点是载人任务需要两年多的时间才能完成，因为航天员必须在火星上等待至少 18 个月，等到火星下一次靠近地球的时候，他们才能乘坐“返回地球飞行器”返回家园。从理论上讲，这延长了航天员暴露在太阳和宇宙辐射危害下的时间，不过祖布林认为：“火星的大气是一个相当好的辐射屏障。如果乘坐巨大的、可以立即返回的母舰，你可以在 18 个月内到达火星并返回，但母舰比“直达火星”的航天器慢，你大部分时间都在太空中度过，那才是主要的辐射来源。”

目前航天员的死亡率（除了发生意外事故）表明他们的寿命与正常人没有什么不同。即便如此，在辐射问题得到有效解决之前，NASA 并不急于将人类送上火星。新型屏蔽方法肯定会有所助益，传统的航天器外壳由铝和其他金属制成，现代塑料复合材料可以提供更好的辐射防护。水分子中的氢也是一种很好的阻滞剂。用居住舱的内壁储存冷冻食品可以在不增加航天器质量的情况下增强屏蔽效果。但乘坐小型“返回地球飞行器”从火星飞回地球不会有多大乐趣。有许多折中版本的“直达火星”计划，其中一个版本是在发射后，“返回地球飞行器”与一个在轨道上等待的小的居住舱和推进舱模块对接，给航天员更大的可居住空间，并为返回地球的长途跋涉提供动力。至少航天员们知道一旦他们到达地球，他们疲惫的身体就可以立即得到恢复。

然而，火星上暂时不会有医疗援助，所以大家需要尽可能健康地抵达火星。祖布林提出，可以产生人工重力（又称人造重力），至少在去往火星的旅途中可以这样。在航天员运载火箭的上面级完成发射后，它的空燃料箱将仍然与乘员舱相连，在太空中高速前进。火箭的上面级与乘员舱分离后仍通过一根长绳连接，两个组件可以绕着彼此旋转成一个巨大的圆圈，从而在乘员舱内产生离心重力。等快到火星时，旋转停止，长绳被解开，空的火箭上面级被丢弃，失重状态恢复。

人类因素

目前来看，载人任务的技术问题都是可以解决的。随着 SpaceX 等私营公司在火箭业务方面取得迅速而显著的进展，资金问题也有望解决。至少从技术角度来看，火星已经开始变得更触手可及。但人的因素又是另一回事。正如英国科幻作家 J. G. 巴拉德所观察到的那样，“近期最大的发展不是在月球或火星上，而是在地球上；我们需要探索的是内部空间，而不是外部空间。即使在太空中，我们要面对的也还是我们自己。”

如今，就在我们的地球上，我们正在模拟火星的环境。如果你到过加拿大北部努纳维特地区的德文岛，你可能会对你所看到的感到惊讶。这里有一个巨大的直径为 48 千米的陨击坑，形成于 2300 万年前。那里严酷的岩石地貌令其看起来像是另一颗行星的表面，要是你恰巧看到一队探险家穿着航天服在陨击坑内采集岩石样品，估计你会真的认为自己在一个外星世界。1997 年，NASA 科学家帕斯卡•李设立了一个探索德文岛霍顿陨击坑的项目。当他第一眼看到这个陨击坑的时候，他知道自己找到了一个完美的训练火星探险家的地方。因此，他联系了火星协会，这是一个由科学家、工程师和太空爱好者组成的致力于尽快将人类送上火星的联盟，会员已有 5000 人。在私人赞助以及 NASA 的资助下，火星协会在德文岛上建造了一个模拟的火星栖息地。栖息地很冷、很干燥。正如李所说：“这是我们在不离开地球的情况下能到达的最接近火星的地方。”

在 NASA 的支持下，火星协会借用了一架 C-130 运输机，将他们所有的设备空运到该岛。由于这架巨大的飞机无法在德文岛崎岖不平的地面上着陆，无奈之下，所有东西都被装进板条箱，再用降落伞分别投放。当时，一件重要的货物在半空中从安全带上滑出，掉到地面摔成了碎片。施工队还弄丢了一台用于安装栖息地墙壁的专用起重机。在远离救援的数千千米之外，在极端寒冷的条件下，他们临时想出一种替代方案才完成了栖息地的搭建。整个运输和安装过程有很多突发情况，这实际上也是给我们的一个提醒，在一次真正的火星任务中很容易出现这些突发事件。

如今，以陨击坑命名的霍顿火星计划是有史以来最奇怪的一个模拟游戏。每年夏天，当条件还算适宜时，科学家和学生组成的团队会去德文岛的陨击坑火星栖息地学习如何在火星上生活和工作。规则很严格：不允许任何人在没有穿着模拟航天服时在栖息地模块外冒险。他们甚至必须在气闸舱中等待 30 分钟，以确保内部和外部“压力”匹配。回到栖息地后，每个人都必须用真空吸尘器清洁自己的衣服，以清除外面的有毒灰尘。

“航天服”只是模拟真实航天服制造出来的相似服装，德文岛的土壤其实非常安全，栖息地外的空气也很清新，尽管有点冷。但每个人都在认真玩这个游戏，就好像它是真的一样。科学家和学生组成的团队探索如何在火星上生活，如何在狭窄的生活空间里彼此相处，以及如何在火星表面高效工作。李将这一模拟过程比作军训，“只不过这个军训不是为战争做准备，而是为探险做准备。火星是一个充满挑战性的地方，所以我们必须在开始真正的任务之前制定出完整的战术。”

霍顿火星计划的工作人员通过无线电与 NASA 位于加利福尼亚州的艾姆斯研究实验室进行通信，但不允许任何人进行正常的电话沟通，因为在真正的火星任务中，无线电信号平均需要 10 分钟才能到达地球。无线电系统中内置了一个人工延时模块来模拟这种令人不安的延迟现象。

类似的“火星模拟”栖息地正在被其他国家效仿，这些国家也都有相似的寒冷、干旱区域。自洛威尔在 1894 年研究火星以来，一个多世纪过去了，我们对火星的痴迷从未消退，而是与日俱增，火星诱惑着我们揭开它神秘的面纱。尽管我们都知道，一项真正的探索火星的任务将是昂贵、危险和困难的，但人们都认为，在不久的将来，实现这样的项目是水到渠成的。距离第一批踏足火星的人在火星上印下足迹的时间越来越近了，但在那一天到来之前，我们必须为登临火星的航天员设计好合适的航天服。

在科幻电影中，火星上的沙尘暴经常被描绘为一种非常危险的灾害。实际上，由于火星的大气层非常稀薄，沙尘暴并不会造成很大的破坏。火星上的人类面对的真正的危险来自尘埃本身，而不是携带尘埃的风。火星表面覆盖着粉末状的红棕色氧化铁，类似于地球上的铁锈，但是颗粒中有很多尖锐的硅酸盐和“超氧化物”，这是数千年来暴露在太阳紫外线辐射下产生的极具活性的化学物质。

准备好登陆火星

在火星上吸入尘埃是极其危险的。因此绝对不能让尘埃进入乘员舱或居住舱。可每次穿着航天服的航天员在火星地面探险时，他们不可避免地会沾上尘埃。因此，要确保航天服不会进入任何航天器或居住舱内部。

航天服将始终保持一体，其中手套、靴子和头盔是永久固定的。生命维持背包边缘有一个长方形的气闸适配器，用来与居住舱对接，或与加压火星车的后部对接，在确认密封性完好后，背包就会像铰链门一样打开，随后航天员就可以通过背包的开口爬进居住舱，从而不会把任何灰尘带入居住舱或火星车。与此同时，航天服就留在外面，停靠在“航天服闸门”上。

传统的航天服是半柔性服装，但这种设计存在缺陷。航天员在冒险走出航天器进入真空空间之前，必须花时间“预呼吸”，吸入较低压强的氧气。而如果他们的衣服在“正常”压力下充满空气，它们就会膨胀，使航天员无法穿着它们工作。未来的火星服可能会采用部分硬化的设计，有点像盔甲，这样航天员就可以在它们和居住舱之间进出，而不必担心压力的变化。

▲乐观的未来

上图是著名艺术家罗伯特·麦考尔在20世纪70年代中期描绘的未来的火星栖息地，是对未来一个世纪可能发生的事情的乐观想象。

目前，NASA正在进行一个名为“阿尔忒弥斯”的项目，计划在阿波罗计划实施的半个多世纪之后让航天员重返月球表面。这将使我们能够在前往火星这个风险更大的行星之前，先在另一个世界生活。我们可能需要一段时间才能到达火星。如果我们最终要成为一个多行星物种，我们的家园就需要安全、繁荣和文明。当我们到达另一个世界时，我们也同样需要珍惜我们的地球。

毫无疑问，当未来的历史学家回顾我们的太空计划推迟了半个世纪时，他们不会大惊小怪，而是会认为这仅仅是暂时的，只是在更长时间的太空探索历程中出现的短暂的停顿。

——阿瑟·克拉克，1997年

▶覆盖地面

右图是帕特·罗林斯于1993年描绘的未来探测火星的场景。两名探险家从恒河深谷着陆点驱车行驶了一小段距离后，停下来检查一辆机器人着陆器及其小型火星车。

HAL
6
HUDSON

◀▶圆锥形概念

20 世纪 70 年代中期，阿波罗计划接近尾声，雄心勃勃的火星探测规划者们提出了“火星探索计划”。左图和右图分别是英国太空艺术家大卫·哈代在 20 世纪 70 年代初和 NASA 艺术家莱斯·博西纳斯在 1989 年对这一计划的描绘。这只是许多未能获得支持的火星探测设想之一。

United States
NASA
BOSSINAS '89

▲冷战中的合作

著名艺术家罗伯特·麦考尔在20世纪80年代描绘了一个由减速伞运送火星着陆器的场景，他设想这个项目会由苏联和美国合作完成。

◀旋转着前往火星

NASA 1989年的一个设想，计划使用减速伞将大型有效载荷运送到火星表面。在从地球向火星飞行的过程中，所有乘员舱都折叠起来，整个宇宙飞船缓慢旋转以提供人工重力，这个设想至少走到了方案阶段。

◀▶减速伞

左图是保罗·哈德森在20世纪90年代为NASA的一份核动力航天器提案所创作的插画。画面中最醒目的是一个带有着陆器的减速伞，同时可以看到一个从火星表面升空的上升飞行器正在与航天器对接。帕特·罗林斯的作品是（右图）对从火星表面升空的飞行器上升时的特写。

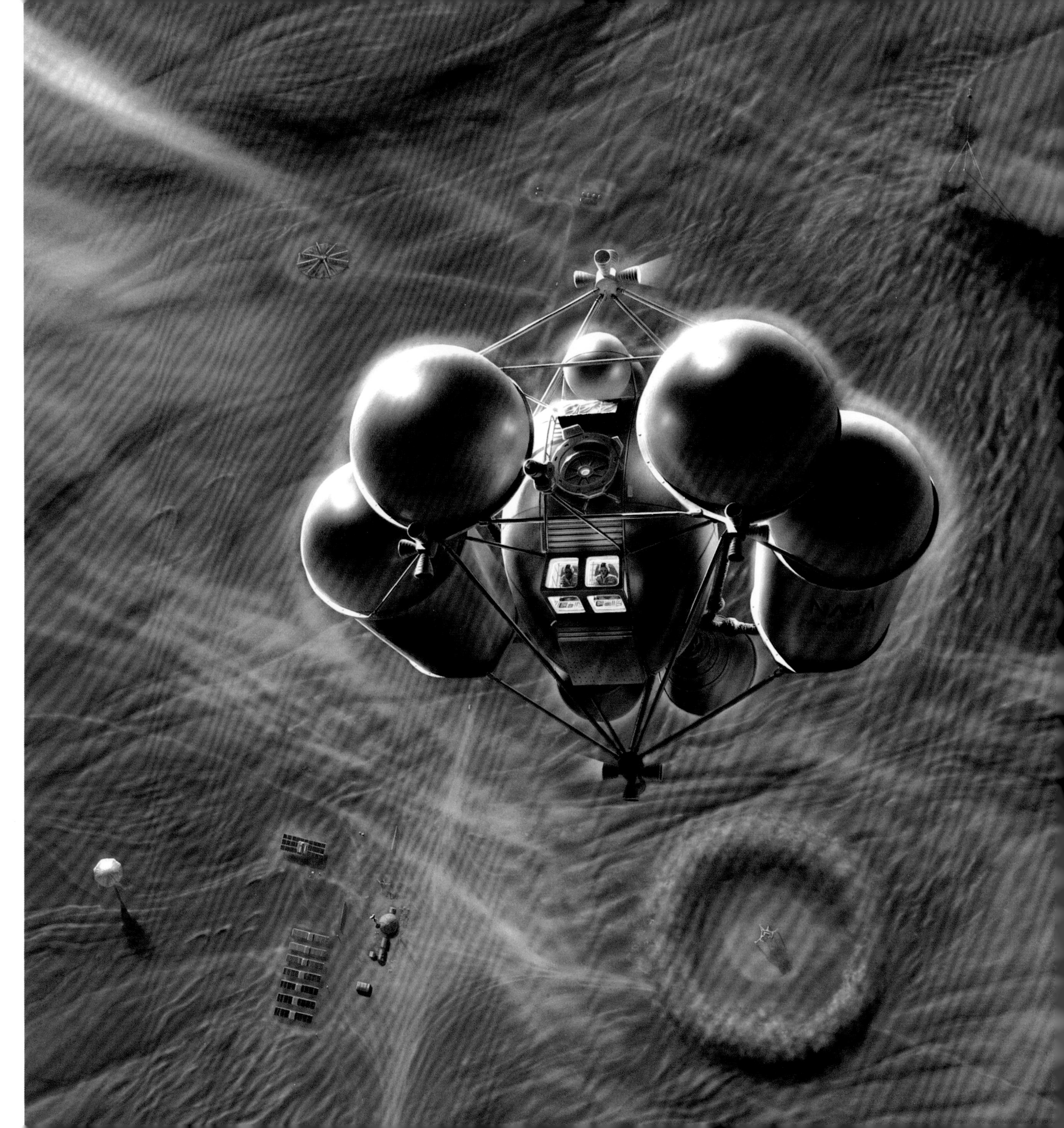

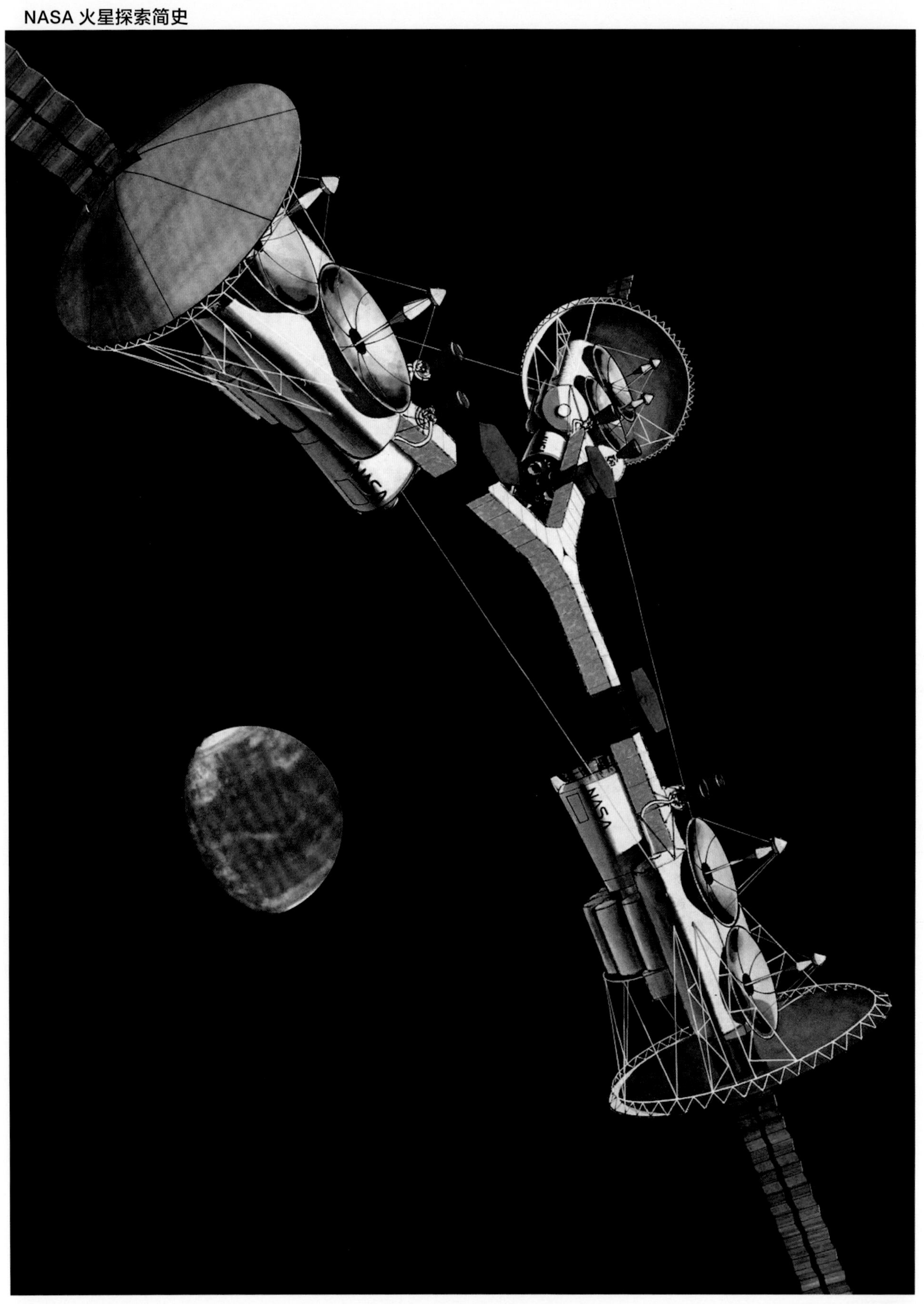

◀三合一

左图是卡特·埃玛特为“直达火星”计划创作的一幅与众不同的概念图，在这个方案中，三个小的宇宙飞船停靠在一起，组成一个更大的宇宙飞船，通过旋转产生人工重力。右图是其中一个小宇宙飞船的局部概念剖面图。

▶封闭的四等分住所

右图为卡特·埃玛特创作的前往火星并返回地球的居住舱的概念图。在这样的旅程中，航天员经受的精神考验和技术考验同样严峻。

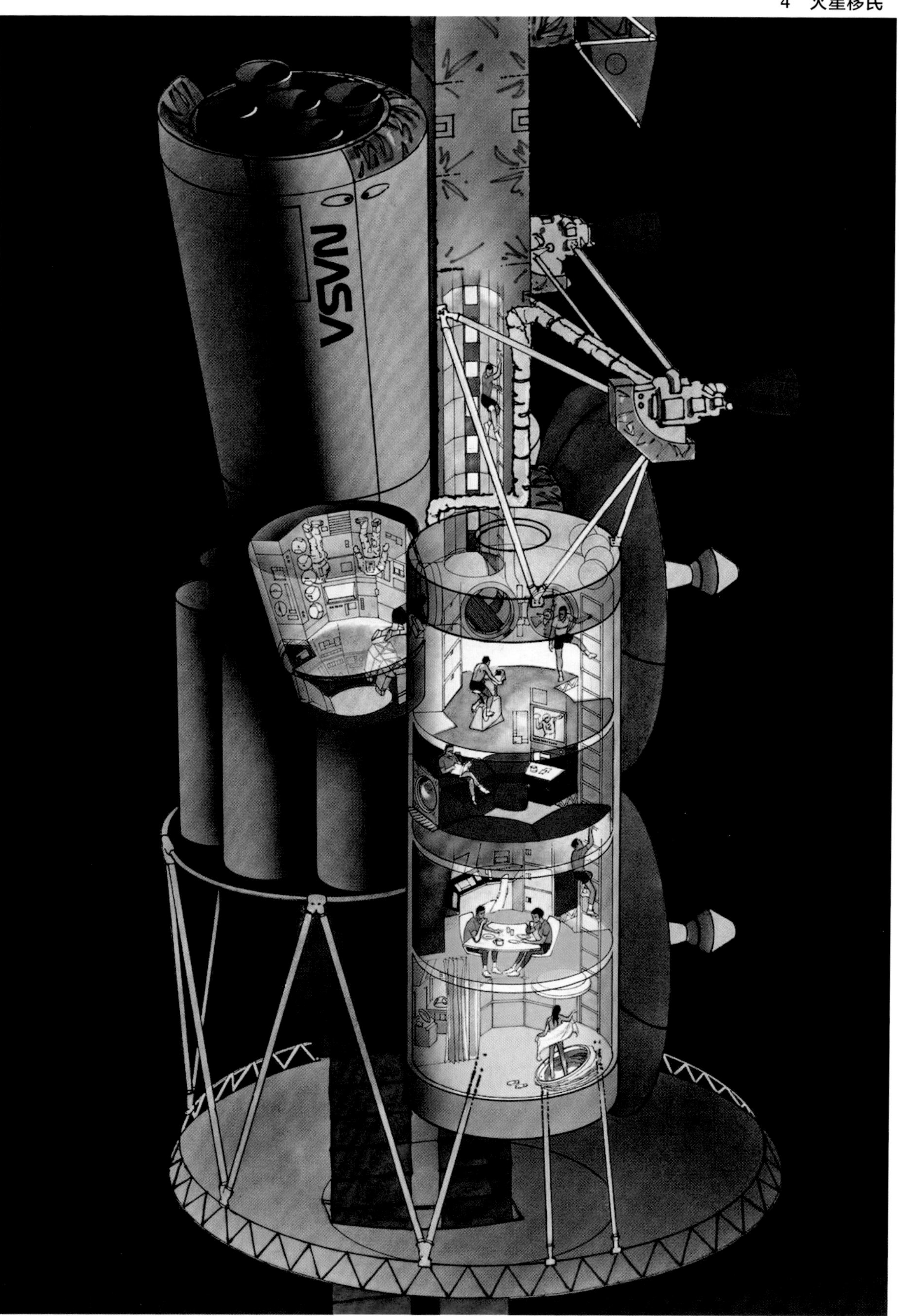

◀留下还是离开？

左图是卡特·埃玛特为“直达火星”计划创作的着陆器。水平着陆的航天器里包含货物和设备，它们不会再起飞了。垂直着陆的航天器则准备将机组人员送回太空。下图中，两个被改造成生活区的着陆器被覆盖在火星地表的土壤中，以保护它们免受辐射的影响，而种植作物的温室则在室外组装。

▲终极露营之旅

上图是约翰·弗拉萨尼托用计算机绘图软件绘制的大型加压火星车。航天员将在火星车里生活数天甚至数周，以便进行远距离探索。

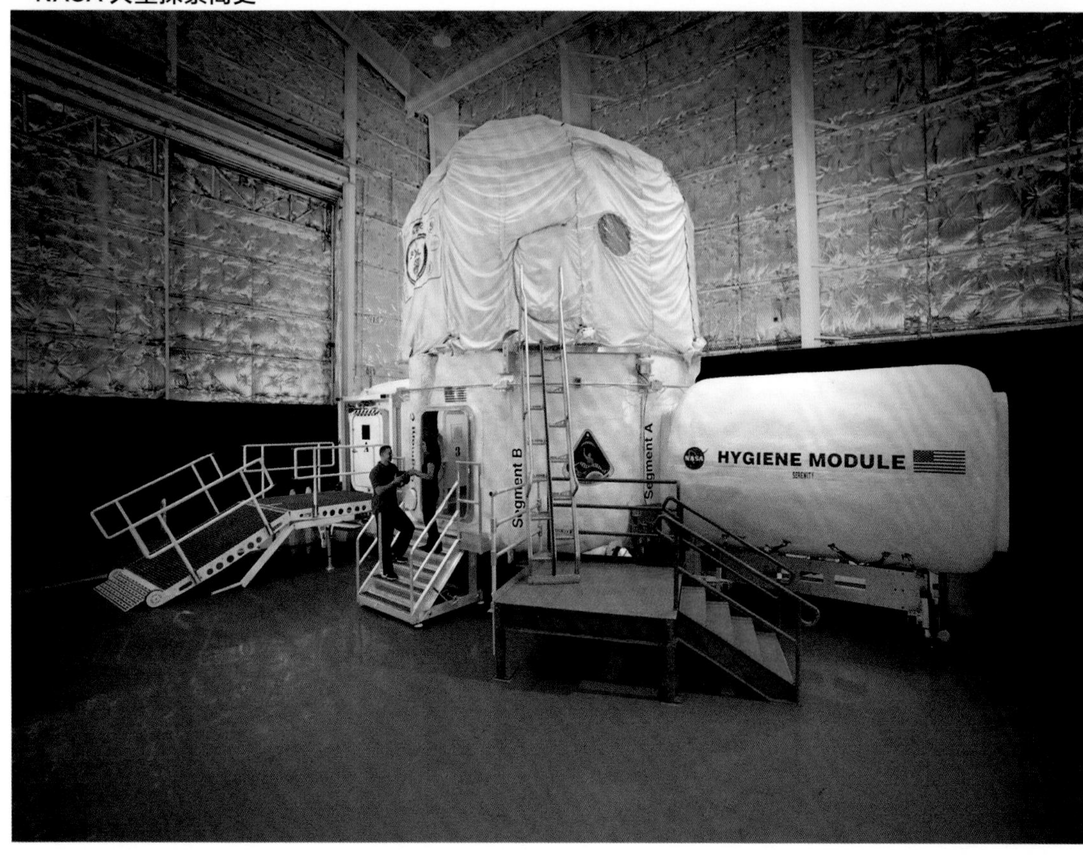

近期最大的发展不是在月球或火星上，而是在地球上；我们需要探索的是内部空间，而不是外部空间。即使在太空中，我们要面对的也还是我们自己。

——科幻作家J.G.巴拉德，1962年

▲►最艰苦的测试

志愿者们在NASA约翰逊航天中心的“人类探索研究模拟舱”中封闭训练，每次都要持续很多天。未来的火星任务的最大挑战将是心理上的，而不是技术上的。

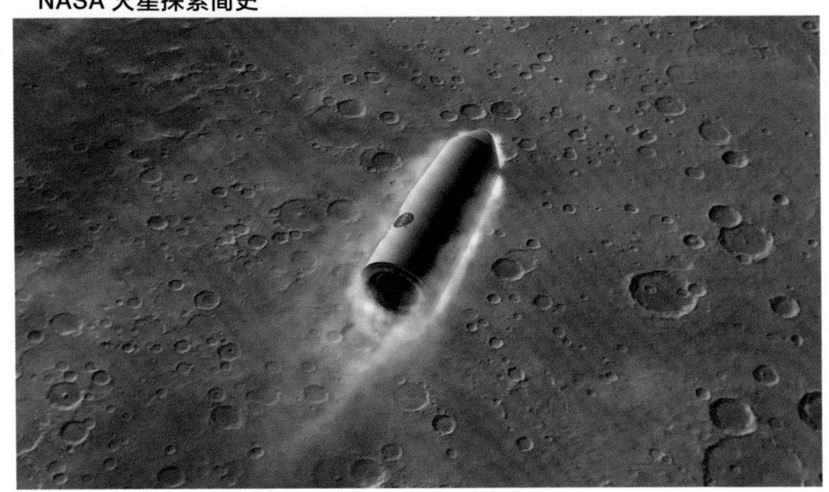

◄▼综合货运公司

这些插画是 21 世纪早期约翰·弗拉萨尼托为 NASA 创作的，展示了一个用于运送货物或“返回地球飞行器”的水平着陆飞行器。左图是飞行器外侧的保护性外壳。下面三个图是内部携带了加压的火星车的水平着陆飞行器。

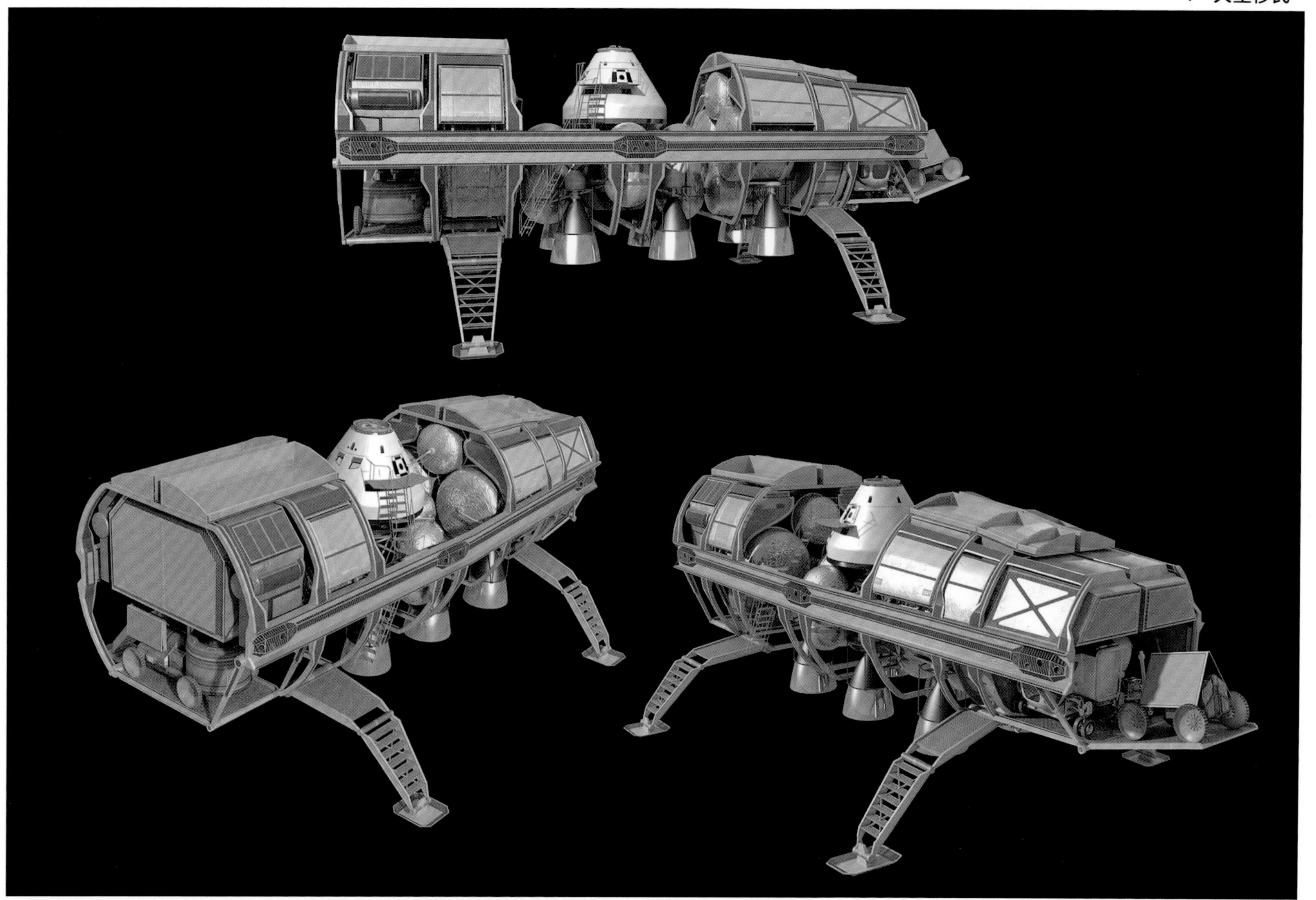

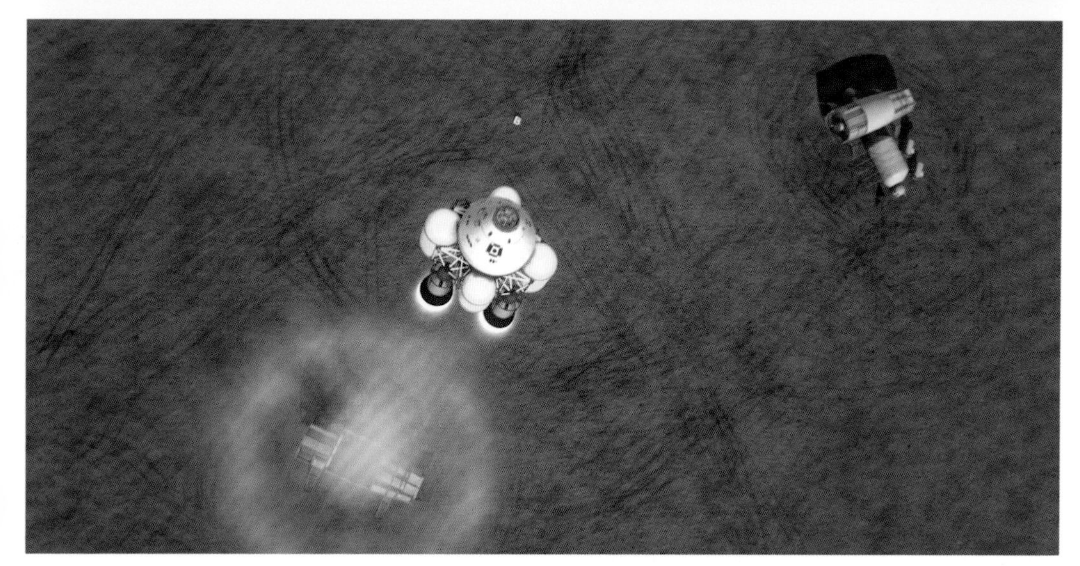

◄▲受到猎户座飞船启发的新设计

上图由弗拉萨尼托绘制，展示了受猎户座飞船设计理念启发而设计的“返回地球飞行器”。圆锥形的“返回地球飞行器”嵌入着陆台中间。左图中，“返回地球飞行器”从火星表面发射升空，正返回在火星轨道上停留的航天器。

►老梦想，新点子（第156~157页）

第156~157页是詹姆斯·沃恩2017年描绘的载人登陆火星任务的插画，是他为NASA创作的许多作品的典型代表。在前景中，载人航天器的旋转吊杆产生人工重力。在远处，着陆器正在离开航天器，准备在火星表面着陆。

UNITED STATES

▼►最新方案

艺术家为NASA正在进行的最新研究所描绘的一个“火星大本营”空间站。这个空间站是中转站，供刚从地球到达火星轨道的航天员和登陆火星后要离开火星的航天员使用。右图中，来自地球的猎户座飞船和一个可重复使用的空气动力的着陆器对接，该着陆器定期往返于火星表面和“火星大本营”空间站之间。

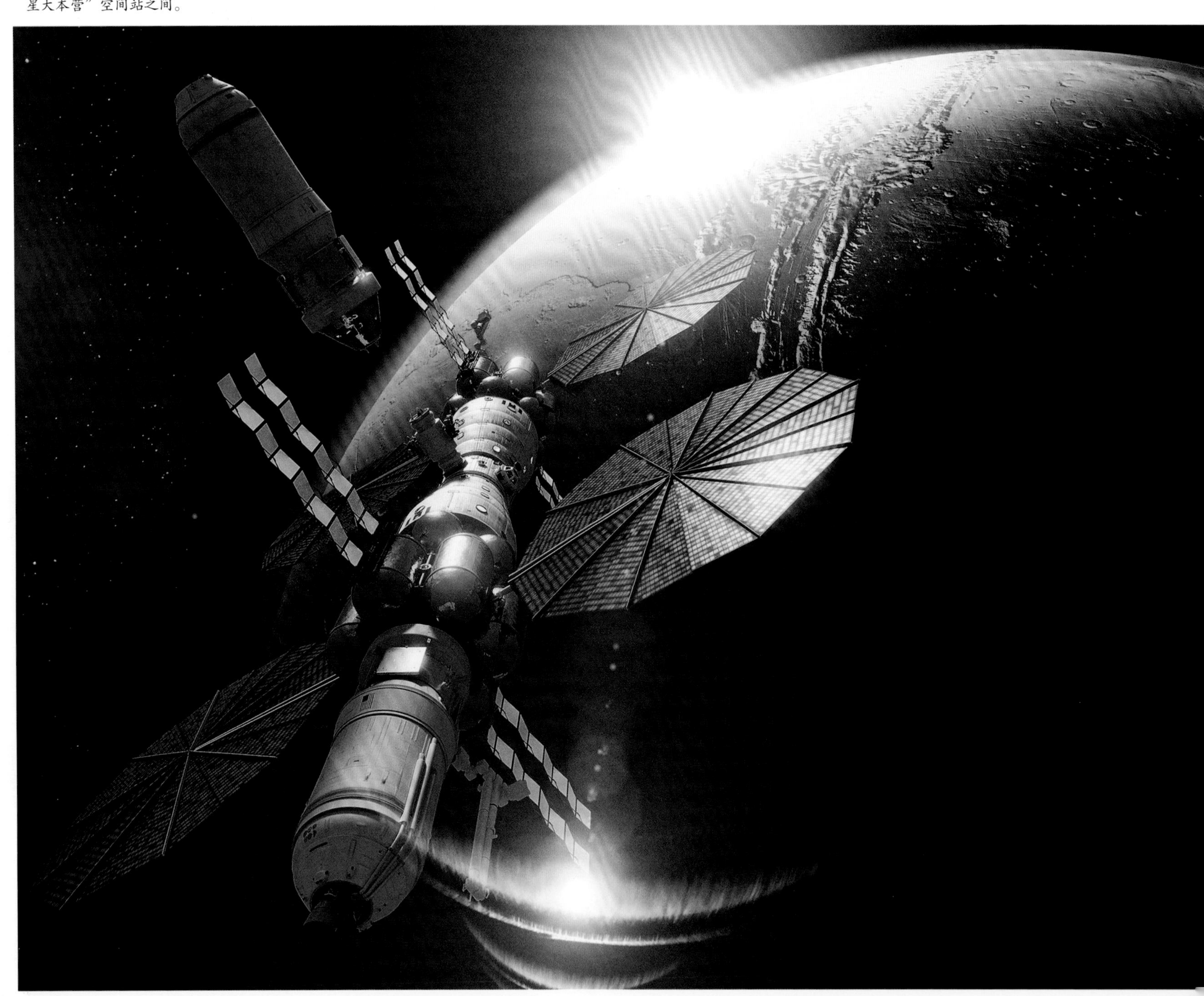

MARS
LANDER
3
UNITED STATES
USA
NASA
NASA

◀可重复使用的着陆器

詹姆斯·沃恩描绘了一个场景：可重复使用的着陆器边上全是忙碌的工作人员。这些航天器为大家展示了一个宏伟的探索计划。我们能成功完成受好奇心驱动的探索旅程吗？还是会因为在归家途中遇上灾难而只能在太空中游荡？但愿一切顺利。

◀电影荧幕上的航天器

左图是电影《火星救援》中的“战神三号”航天器。在这部电影中，一名航天员被意外地困在火星上，他靠在火星土壤和他自己的排泄物混合的基质中种植的土豆生存。

▲另辟蹊径的救援队

“战神三号”航天器返回地球，但不是为了在地球降落。机组人员利用地球的行星引力“弹弓”，返回火星去接回他们被困的同事。

◄▲即插即用

一种被称为“多任务空间探索飞行器”的概念飞行器通过组合可替换的组成部分，使NASA可以使用公用舱完成不同的任务，例如，同一个位置可以装载喷气推进系统，也可以替换为带有轮子的火星车底盘。左图是一个模拟的乘员舱在飞机机库中进行测试，坐标是得克萨斯州休斯敦附近的约翰逊航天中心。上图中，NASA“调查与技术研究”团队的一名成员正在“火星车”模式下测试“多任务空间探索飞行器”模拟器。

2801-R1
NASA

◀用沙漠模拟火星地表

电影《火星救援》中使用的加压火星车的灵感来自“多任务空间探索飞行器”概念。电影的许多场景都是在约旦沙漠的瓦迪拉姆山谷拍摄的，如果你忽略炎热的天气和偶尔可见的植被，这是一个可以模拟火星地表的地方。电影中全尺寸的火星车道具目前在约旦安曼的皇家汽车博物馆展出。

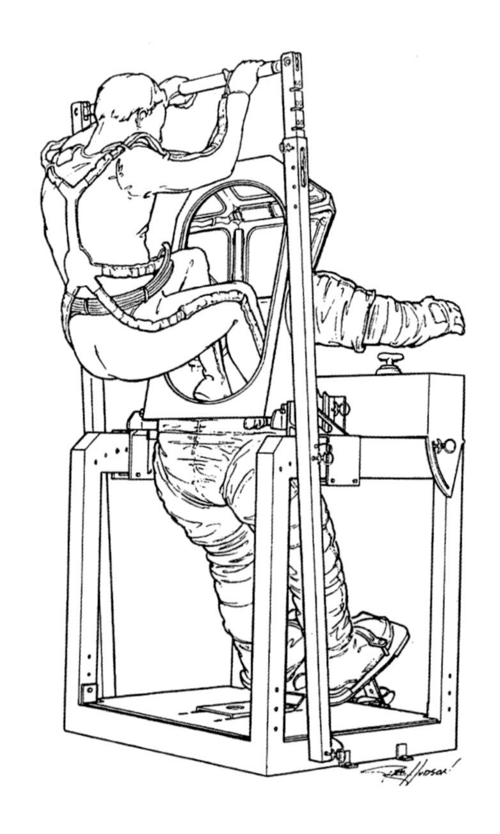

▲▼把有害的灰尘阻挡在居住区外面

上图是保罗·哈德森在 1987 年绘制的一幅人类执行探索火星任务的基本概念图，展示了如何在不把危险的尘埃带入居住舱的情况下进出航天服。下图是类似的航天服，当航天员在火卫一和火卫二上执行任务时，他们可能会驾驶开放式的没有封闭驾驶舱的火星车，这时他们的航天服可以大致替代驾驶舱实现最基本的保护功能。

►特殊的航天服

右图是 1987 年，保罗·哈德森创作的一幅描绘航天员探索火星的插画，他和设计师诺曼·格里芬称这套航天服为“指令控制压力航天服”，这种航天服的概念启发了现在的半刚性的火星航天服。现在的火星航天服带有铰链式背包，可与火星车和居住舱的“航天服闸门”对接。

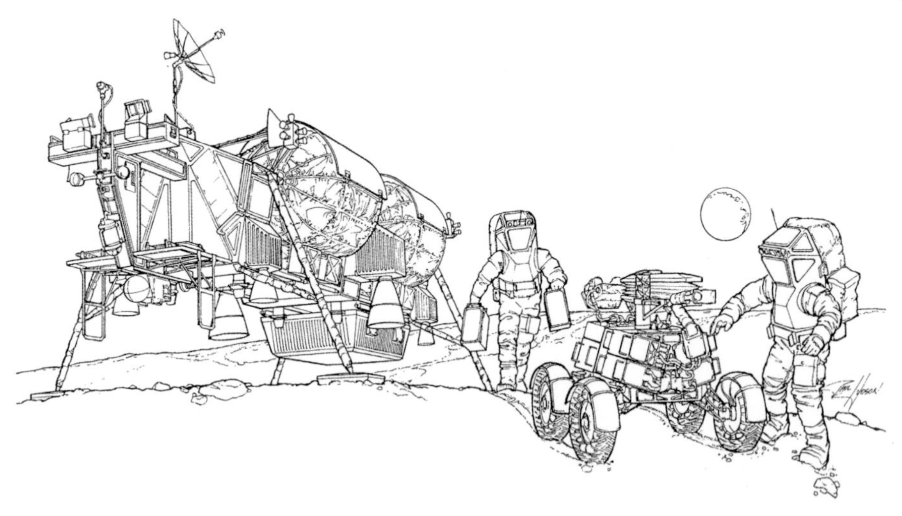

机器人探测器在火星地表颠簸行进，车轮在地面上滚动；机器人用铲子挖取火星地面土壤，用钻头在地表钻孔，用加热器烘烤土壤，甚至用激光发射器照射土壤。未来，航天员将在火星表面登陆。研究火星的最好方法依然是科学家到达火星表面用自己的双手、双眼和双耳去研究。

——阿波罗11号航天员巴兹·奥尔德林，2015年9月

◀▼屈膝

NASA 的 Z-1 航天服原型能让航天员在太空探索中获得比以前更好的机动性。Z-1 航天服原型有新的肩关节、肘关节、膝关节和髋关节，航天员可以轻松地穿上它，可以方便地走路，也可以屈膝，这样航天员就可以完成在火星表面采集样品和在崎岖地形上行进的重要任务。Z-1 航天服原型在背部还有一个“航天服闸门”端口。下图展示了这个端口的工作原理。

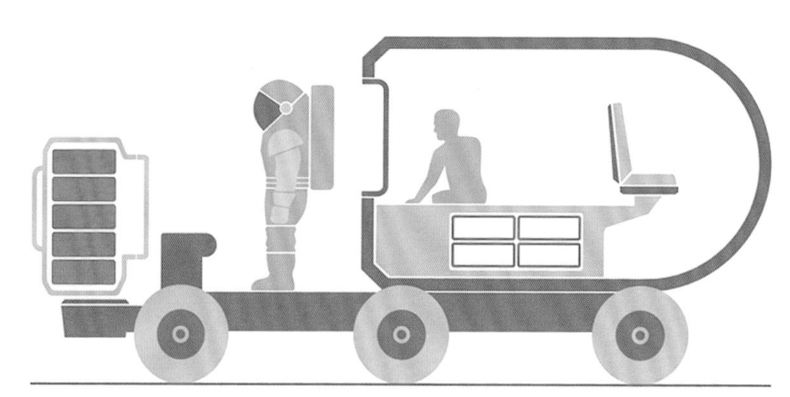

◀地球实验

2009 年，来自 NASA 的 8 个中心的工程师和科学家们前往亚利桑那州沙漠，他们在那里试验正在研发中的新技术，一个是火星车；另一个被称为“航天服闸门”，航天服的背包与居住舱的接口对接，航天员直接从背部出入，这样可以防止尘埃进入加压的居住舱。

▶严肃的模拟游戏

2015 年 6 月，亚利桑那州北部的沙漠为 NASA 的“沙漠调查和技术研究”团队和他们的火星车提供了一个与火星恶劣环境相似的模拟场地。

EV1

研究火星上是否有生命或者宇宙是如何起源的，这些都是人类最前沿的科学方向。研究这些问题正是我们作为人类的意义，我们会一直追寻这些问题的答案。

——第一位美国女航天员萨莉·赖德，
2003年2月

◄►在火星上登山

左图和右图分别是NASA艺术家帕特·罗林斯和既是艺术家又是工程师的保罗·哈德森描绘的在火星上攀登山峰的过程，他们和众多设计师一样，认为为了更好地执行火星任务，应当设计与传统航天服不同的火星专用航天服。

▶探索峡谷

在帕特·罗林斯1988年创作的这幅插画中，航天员正在探索火星上诺克提斯沟网的一个峡谷，诺克提斯沟网是由水手号峡谷群以西的无数峡谷和高地纵横交织绵延不断形成的地貌。在插画中，太阳刚刚升起，清晨的雾气笼罩着峡谷。

▲单人立体机动装置

上图是罗伯特·麦考尔在20世纪60年代中期描绘的火星航天员使用火箭驱动的喷气式单人立体机动装置在空中飞行的场景，这种场景是阿波罗时代的工程师想要实现的。现在，我们需要为前往火星的航天员设计多种不同风格和用途的航天服。

►舒适度和强度，哪个更重要?

在2015年上映的电影《火星救援》中，航天员穿的火星航天服参考了NASA的设计师达瓦·纽曼设计的原版航天服。这种航天服更加具有观赏性，更加舒适、灵活。但对于在火星的恶劣环境中长期工作的航天员来说，强度更高、更能保障航天员生命安全的航天服可能更实用。

◀在地球上模拟火星环境

2019 年，地质学家圣克里斯汀·托尔法德·托蒂尔身穿与真实的火星航天服相似度极高的仿真航天服，在探索冰岛的瓦特纳冰川的同时也测试仿真航天服的性能。这套仿真航天服是由罗得岛设计学院的迈克尔·莱伊设计的。冰岛的这个实验是在世界各地类似火星的地形上进行的多个“火星模拟”实验之一。

▶机器人还是人类?

NASA 的 R5 仿真机器人是世界上最先进的仿真机器人之一。约翰逊航天中心做了4个样机，目前有一个在 NASA 内部，另外三个捐给了其他大学。机器人将在未来的火星探索中发挥重要作用，可能是独立完成任务，也可能是辅助航天员工作。

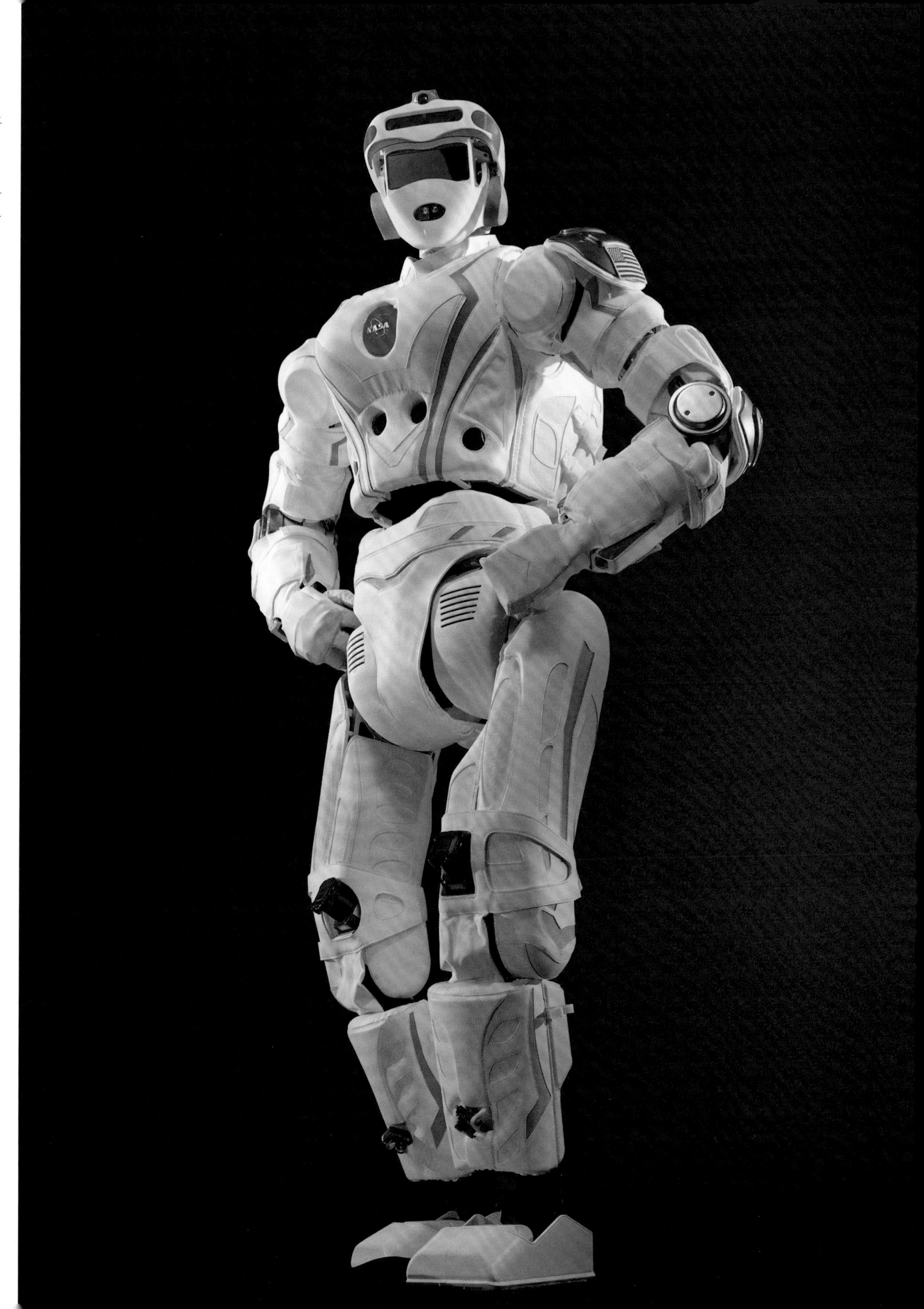

▲►从内向外建造

在2018年的“太空建筑设计竞赛——火星上的未来家园”中，来自波兰的建筑设计师沃伊切赫·菲库斯构想了一个可行性很强的方案：将着陆舱作为枢纽，以其为中心在周围逐步放置充气的适宜居住的模块舱。人们已经在太空中测试某些合适的防弹的柔性织物了。

没有我们不能去的地方。本着这种信念，我们满怀信心地动身前往其他星球。我们要对其他星球做什么？统治它们，还是被它们统治。这是我们可怜的头脑中唯一的想法。真是浪费！

——斯坦尼斯拉夫·莱姆，《索拉里斯星》，1961年

◀对火星或地球有用

总部位于纽约的建筑技术公司AI太空工厂赢得了NASA在2019年举办的百年挑战赛，这个比赛旨在将火星玄武岩转化为用于建设火星基地的材料。在遥远的星球上，这样大规模的工程可能永远无法实现，但这种想法有助于为地球上类似的项目提供灵感，它们可能具有更直接的实用价值。

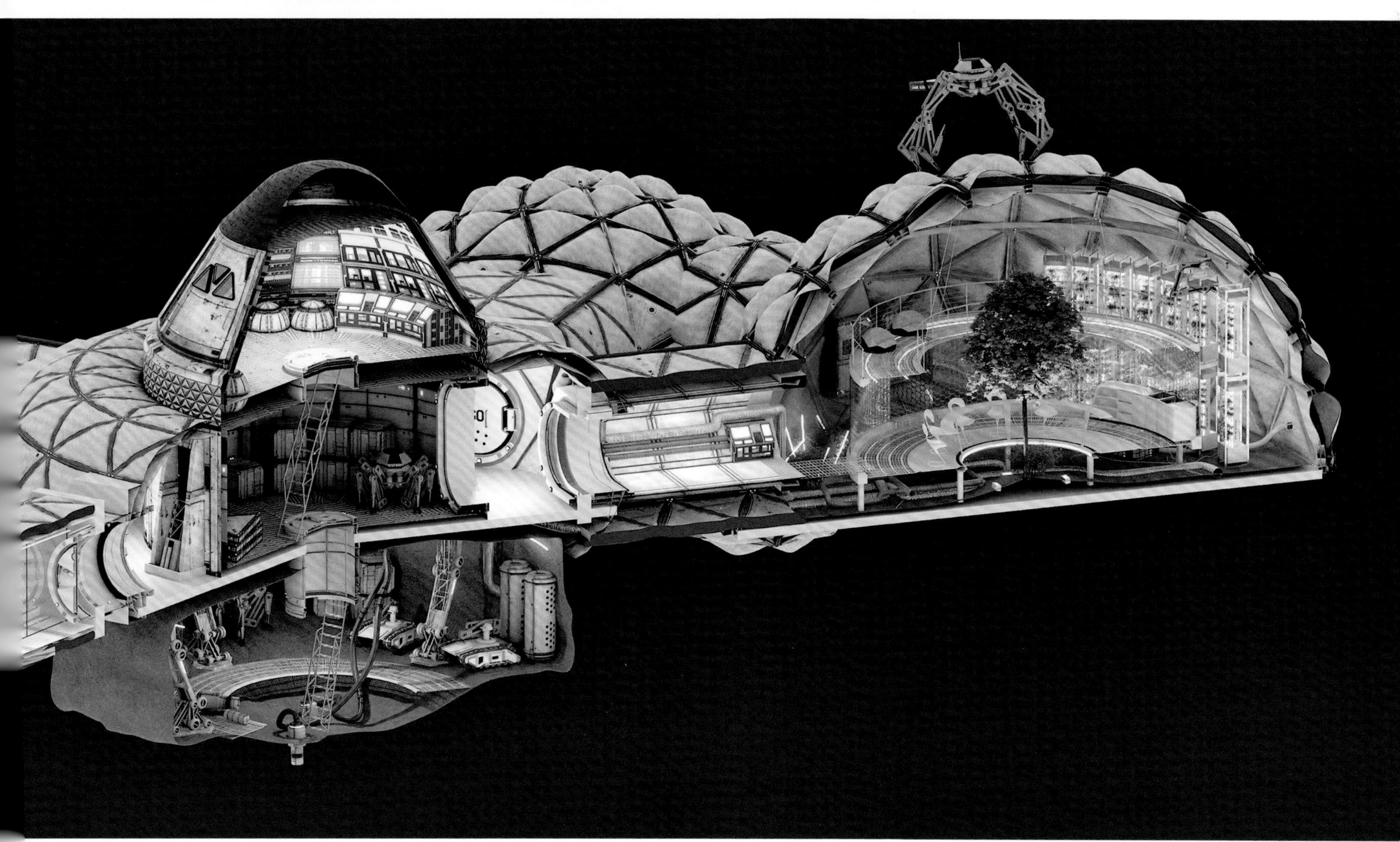

如果我们人类可以在宇宙中自由航行，在多个行星上建立文明，那么人类将有更加广阔、更加令人振奋的未来。想象一下，在那样的生活中，每一天我们都会迫不及待地醒来，去迎接美好的未来。我想象不到比遨游太空、穿梭于群星之间更令人憧憬的事情了。

——SpaceX创始人埃隆·马斯克，2017年9月

►不同的世纪， 同一个梦想

麦克·莱比斯设想在火卫一上建立一个研究站，火卫一是火星的两个小卫星中较大的那个。这块岩石的形状像马铃薯，尺寸为27千米 × 22千米 × 18千米。我们还没有完全了解它的起源。它很可能成为未来人类探险的目标。与1958年约翰·波尔格林（见本书第9页）的画作相比，我们不禁要问：我们是否还要再等半个世纪才能让这一幕成为现实？

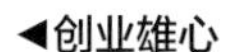

◄创业雄心

SpaceX创始人埃隆·马斯克的可重复使用的龙飞船多次进入近地轨道，与国际空间站对接，为其运送航天员和物资。现在，埃隆·马斯克与NASA合作，一起规划探测火星的任务。

▶火星游戏中的新玩家

2021 年 2 月 9 日，阿拉伯联合酋长国（以下简称为阿联酋）实现了令整个阿拉伯世界都十分激动的历史性突破。体积虽小但装备精良的阿联酋探测器“希望”号实现了绕火星运行的任务，目前正在研究火星的气候和大气层。右图是阿联酋“希望”号上搭载的 1200 万像素的探测成像仪拍摄的第一张火星照片。4 座巨大的火山清晰可见。

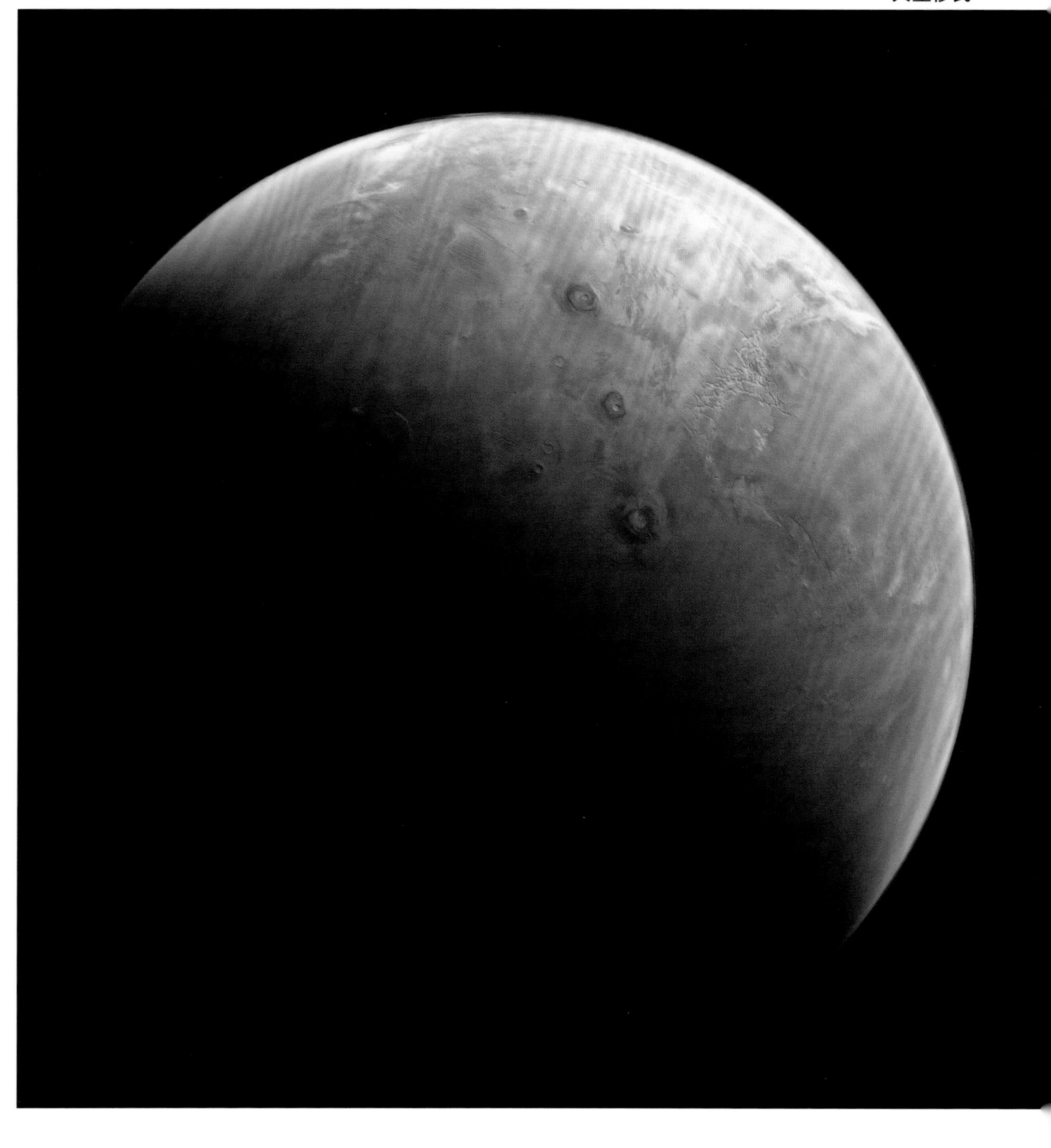

◀不同的世纪， 同一个梦想

喷气推进实验室会时不时地发布一些令人感到新奇的海报，从而吸引公众的兴趣，让大家更支持它正在开展的星际探索项目。这张 2020 年发布的海报与实拍照片不同，展示了一名航天员站在火星上的场景。我们在未来能实现这个美好的愿望吗？

▶开启猎户座飞船的时代（第 188~189 页）

NASA 最新的载人航天计划基于一个名为猎户座的锥形的载人飞船，NASA 最初计划将猎户座飞船用于新的航天员登月任务，但猎户座飞船也可能在探索火星的任务中发挥重要作用。下页左图来自负责建造猎户座飞船的公司。第 188~189 跨页图中，一名技术人员正在检查猎户座飞船原型机的接线。

NASA 火星任务一览表

按照发射年份排序

发射年份	任务名称	任务情况
1964	“水手”3 号（飞掠）	有效载荷整流罩未实现分离
1964	“水手”4 号（飞掠）	传回了 22 张历史性的近距离火星图像
1969	“水手”6 号（飞掠）	传回 75 张火星图像
1969	“水手”7 号（飞掠）	传回 126 张火星图像
1971	“水手”8 号	发射失败
1971	“水手”9 号	传回 7329 张火星图像
1975	“海盗”1 号、2 号	两个轨道器传回超 5 万张火星图像，着陆器传回图像，并寻找生命迹象
1992	“火星观察者”号	在还有不到 3 天就到达火星时失联
1996	“火星全球勘探者”号	对火星全球拍摄了近 10 年的图像
1996	“火星探路者”号	运行时间为预期运行寿命的 5 倍
1998	“火星气候轨道器”	抵达火星时失联
1999	“火星极地着陆器”	抵达火星时失联
2001	“火星奥德赛”号	对火星做了高分辨率成像
2003	“火星探测漫游者”	“勇气”号运行了 6 年，“机遇”号运行了 15 年
2005	“火星勘测轨道器”	传回了超过 400TB 数据
2007	“凤凰”号着陆器	在火星北极着陆区运行了 5 个月
2011	“火星科学实验室”号火星车	“好奇”号火星车目前仍在盖尔撞击坑区探测
2013	火星大气与挥发物演化任务	研究火星大气，仍在运行中
2018	“洞察”号着陆器	研究火星星震和行星内部结构，仍在运行中
2020	“毅力”号火星车	寻找古老生命迹象、收集岩石样品以送回地球，仍在运行中

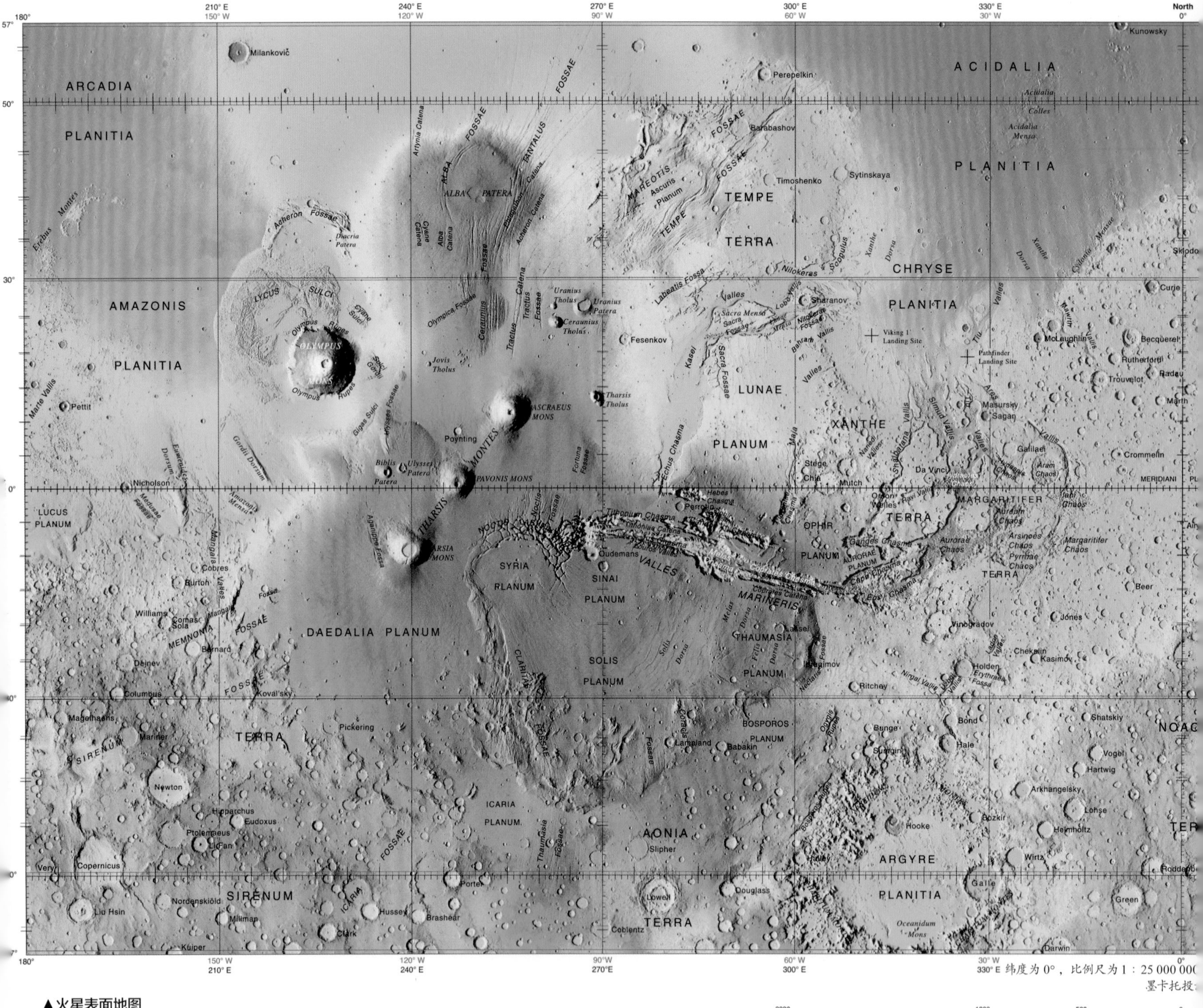

330° E 纬度为 0°，比例尺为 1：25 000 000

墨卡托投

▲火星表面地图

这张火星地图是 2014 年由美国地质调查局与 NASA 联合发布的，采用了多个卫星的数据，包括“火星全球勘探者”上的火星轨道器激光高度计在 1999 年测量的数据。“火星全球勘探者”是 NASA 的一艘航天器，1997 年 9 月至 2006 年 11 月在火星轨道上运行，使用雷达测绘了火星地形图。

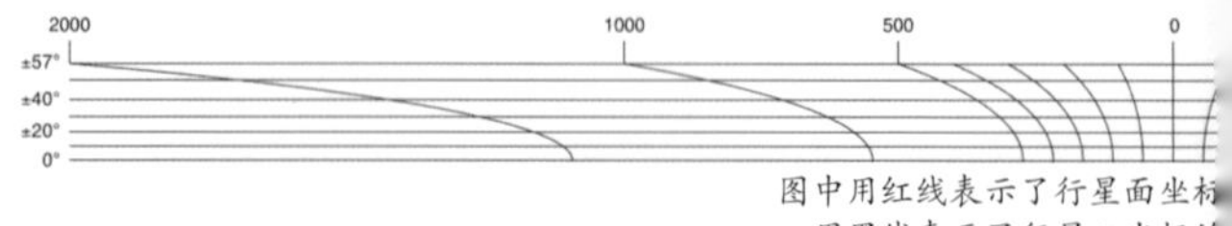

图中用红线表示了行星面坐标

用黑线表示了行星心坐标的

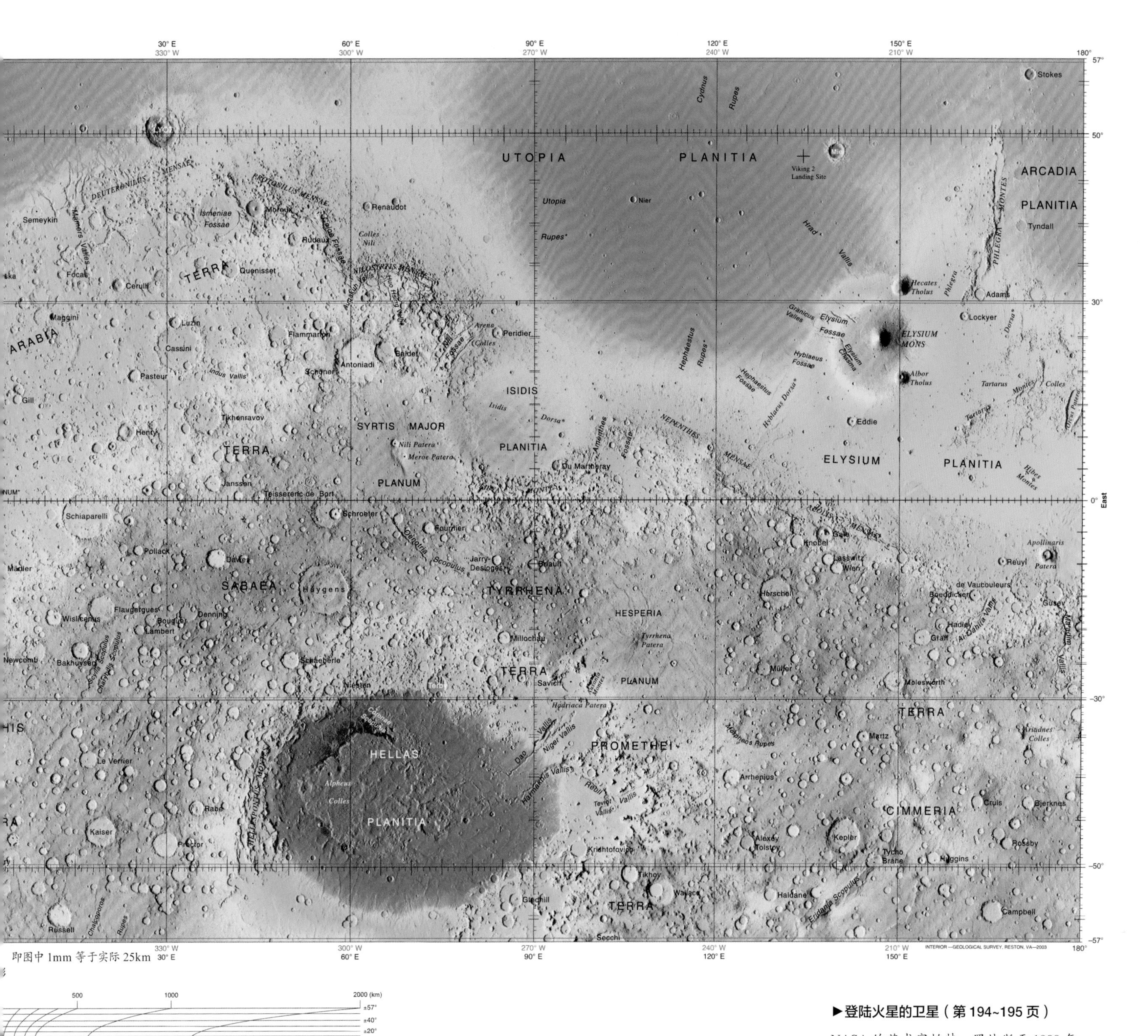

即图中 1mm 等于实际 25km

的纬度和西经坐标系统，
纬度和东经坐标系统。

►登陆火星的卫星（第194~195页）

NASA 的艺术家帕特·罗林斯于 1988 年创作了这幅画，画面中一名航天员背着单人火箭背包在火卫一上跳跃。

图片致谢

本书中的大部分图片来自 NASA 档案库。在此，我要感谢 NASA 总部的配合与支持；感谢约翰逊航天中心提供的有关人类太空飞行的过去、现在和未来的资料；感谢喷气推进实验室的每一个人，感谢他们提供的所有火星图片（这些图片都是通过该实验室设计、建造、运营的机器人任务所获得的）；感谢纽约州立大学石溪分校的 Justin Cowart 对喷气推进实验室提供的图片数据进行了额外的处理。

如我在前言中所述，本书中出现的其他图片归属于下述个人和组织：

AI Space Factory: 183

Erik Askin: 171

Andrew Chaikin: 10

China Space Agency (CSA): 133

Carter Emmart: 148, 149, 150

Emirates Mars Mission/Mohamed Bin Zayed: 187

European Space Agency (ESA): 88~89, 132

Wojciech Fikus: 182~183

John Frassanito & Associates: 151,152, 153

David A. Hardy: 142

Heritage Auctions: 9, 16~17, 19, 21, 22~23, 24, 25, 26, 28, 29, 30, 31

Dave Hodge/Unexplored Media: 180

Paul Hudson: 146, 168, 169, 175

Lockheed Martin: 158, 159, 188

Robert McCall Studio: 139, 142, 178

Dava Newman: 179

Bruce Pennington: 27

Pat Rawlings: 93, 140~141, 147, 174, 176~177, 188 (gatefold)

Maciej Rebisz: 185

SpaceX: 184

The Martian, © 2015. Twentieth Century Fox. All rights reserved: 162, 163, 166~167

United States Geological Survey: 187 (gatefold)

James Vaughan: 134~135, 156~157, and book case front